キャラクターでよくわかる

宇宙の歴史と宇宙観測

秋本祐希

技術評論社

雲の上から、山の下から、宇宙を見る

すばるくん
すっごい高いところで
宇宙を見てるんだねえ
標高4100mのところ
スーパーカミオカンデ
ちゃんだって
すごい地下深いところで
実験してるじゃん
地下1000m
のところ
それで
わざわざハワイ
まで来て
どうしたの?
バカンス!
じゃなくて…
宇宙の歴史
について
教えてほしいの
宇宙138億年
の歴史!
宇宙いいよね…!
いい…!
僕の知ってる
範囲だと…

宇宙の晴れ上がりからの宇宙

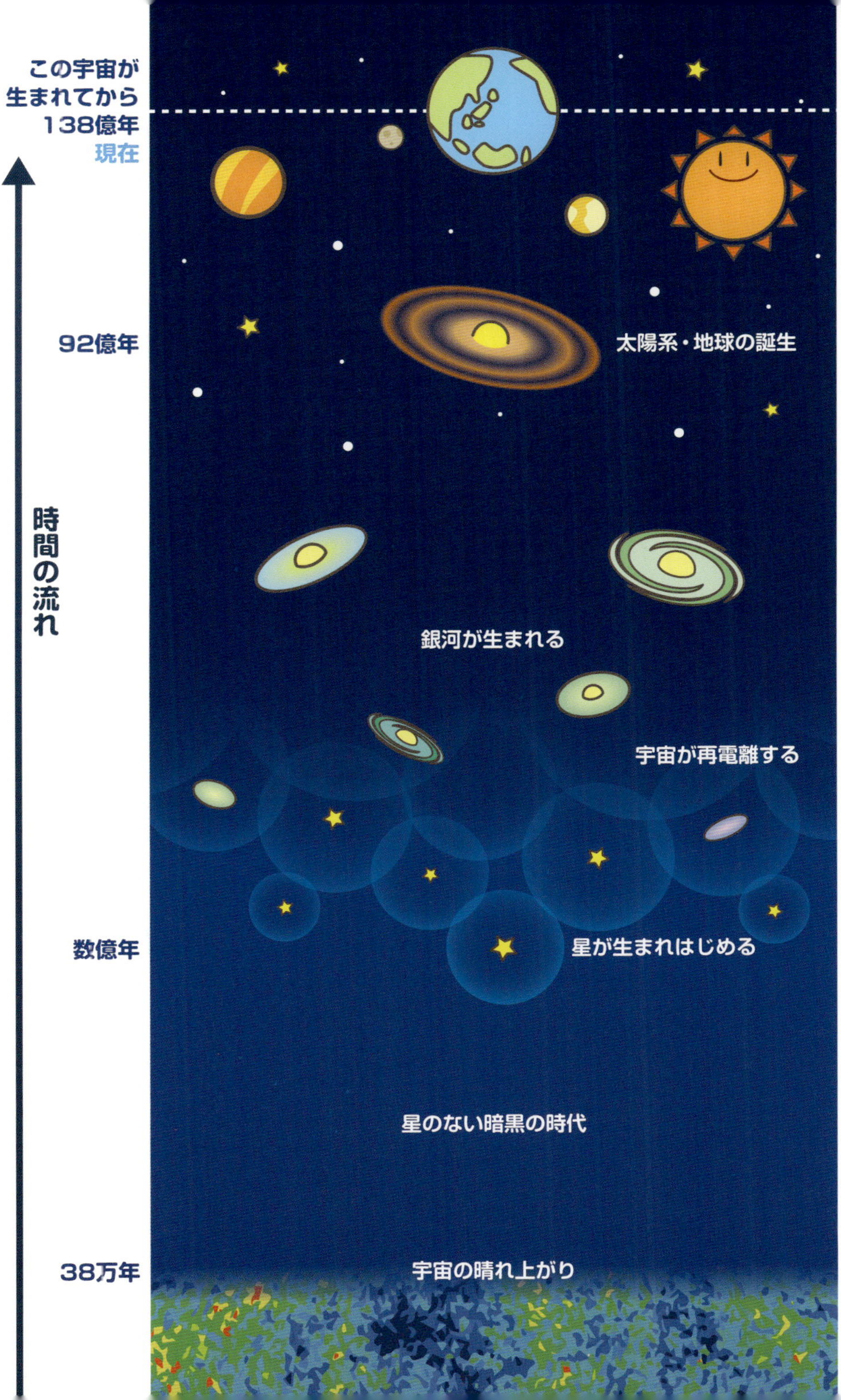

この宇宙が生まれてから138億年
現在
92億年
数億年
38万年
時間の流れ
太陽系・地球の誕生
銀河が生まれる
宇宙が再電離する
星が生まれはじめる
星のない暗黒の時代
宇宙の晴れ上がり

で
光で直接見ることができる宇宙の歴史はね
光で見える
宇宙の晴れ上がり
光で見えない
この宇宙の晴れ上がりっていう現象の後だけなんだ
ちょっと悔しいねぇ
だいじょうぶ！
それより前は私が教えてあげちゃうから！
スーパーカミオカンデちゃんが？
生まれたばかりの宇宙は素粒子物理学ととっても密接に関係しているからね
素粒子に詳しい私におまかせ！
超新星爆発みたいにどーんとこいだよ！

宇宙の晴れ上がりまでの宇宙

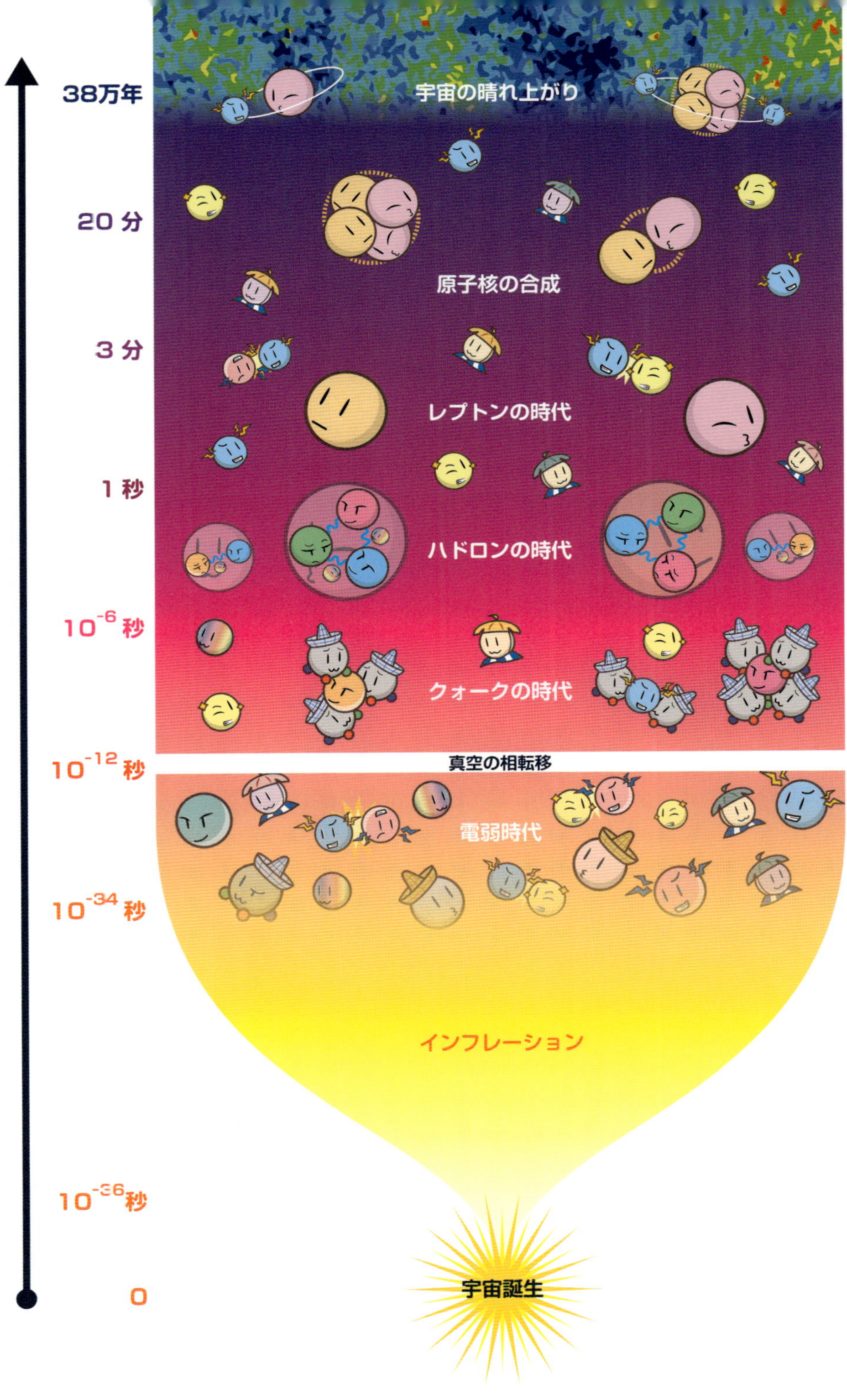

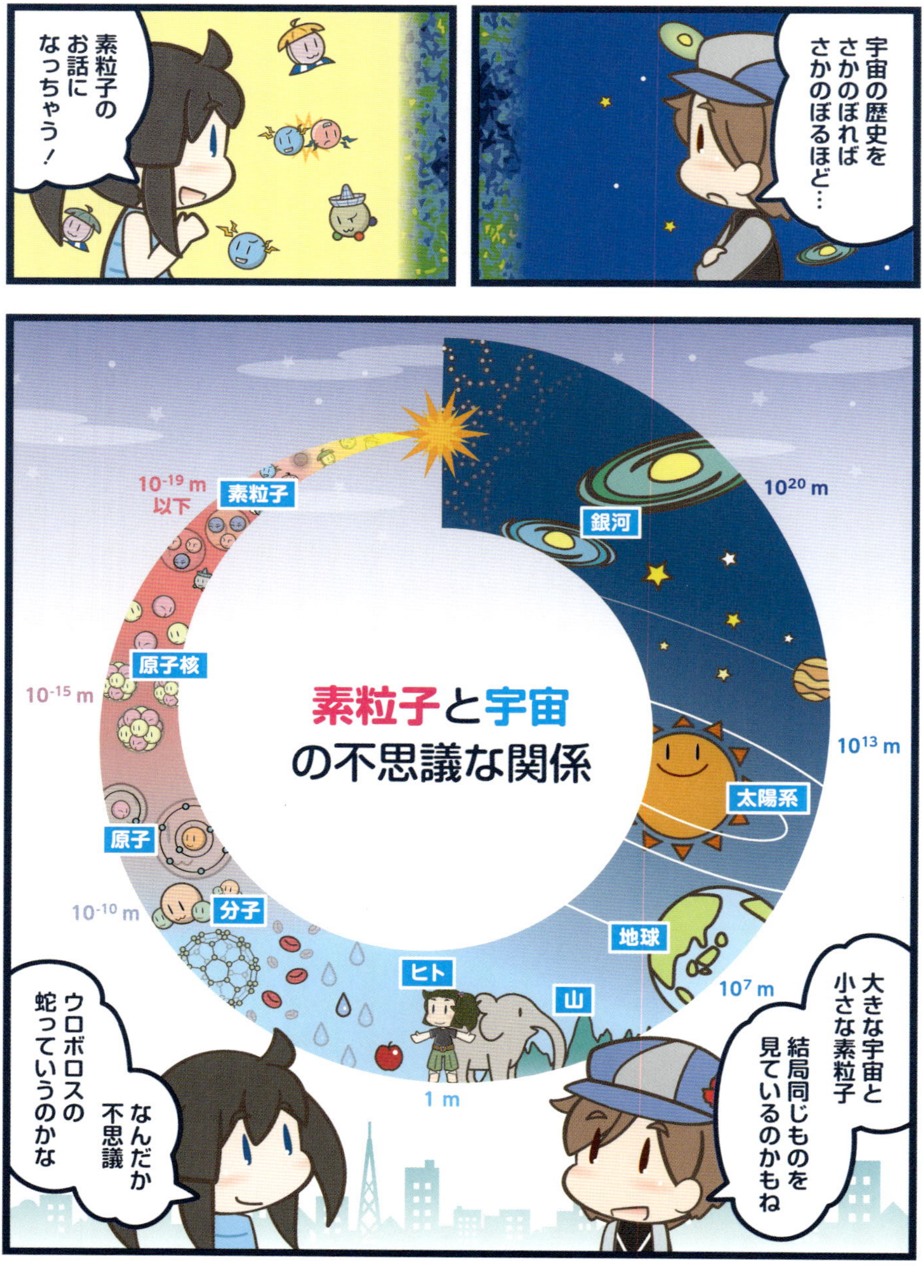
宇宙の歴史をさかのぼればさかのぼるほど…
素粒子のお話になっちゃう！
素粒子と宇宙の不思議な関係
10^{20} m
銀河
10^{13} m
太陽系
地球
10^{7} m
山
ヒト
1 m
分子
10^{-10} m
原子
10^{-15} m
原子核
10^{-19} m 以下
素粒子
大きな宇宙と小さな素粒子 結局同じものを見ているのかもね
なんだか不思議 ウロボロスの蛇っていうのかな

宇宙の歴史を
見てみよう！

もくじ

第2部 宇宙を振り返って見るステキな施設 087

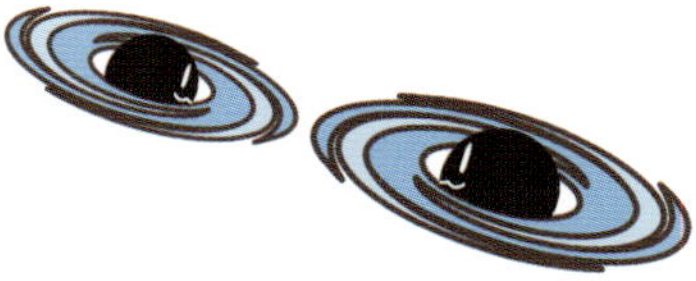

第1部

宇宙のはじまりから私たちの時代まで

138億年の宇宙の歴史は「宇宙の晴れ上がり」の前と後でその様子も観測する方法も大きく異なります。予備知識となる簡単な素粒子の説明の後に、宇宙の歴史を駆け足で振り返ってみましょう。

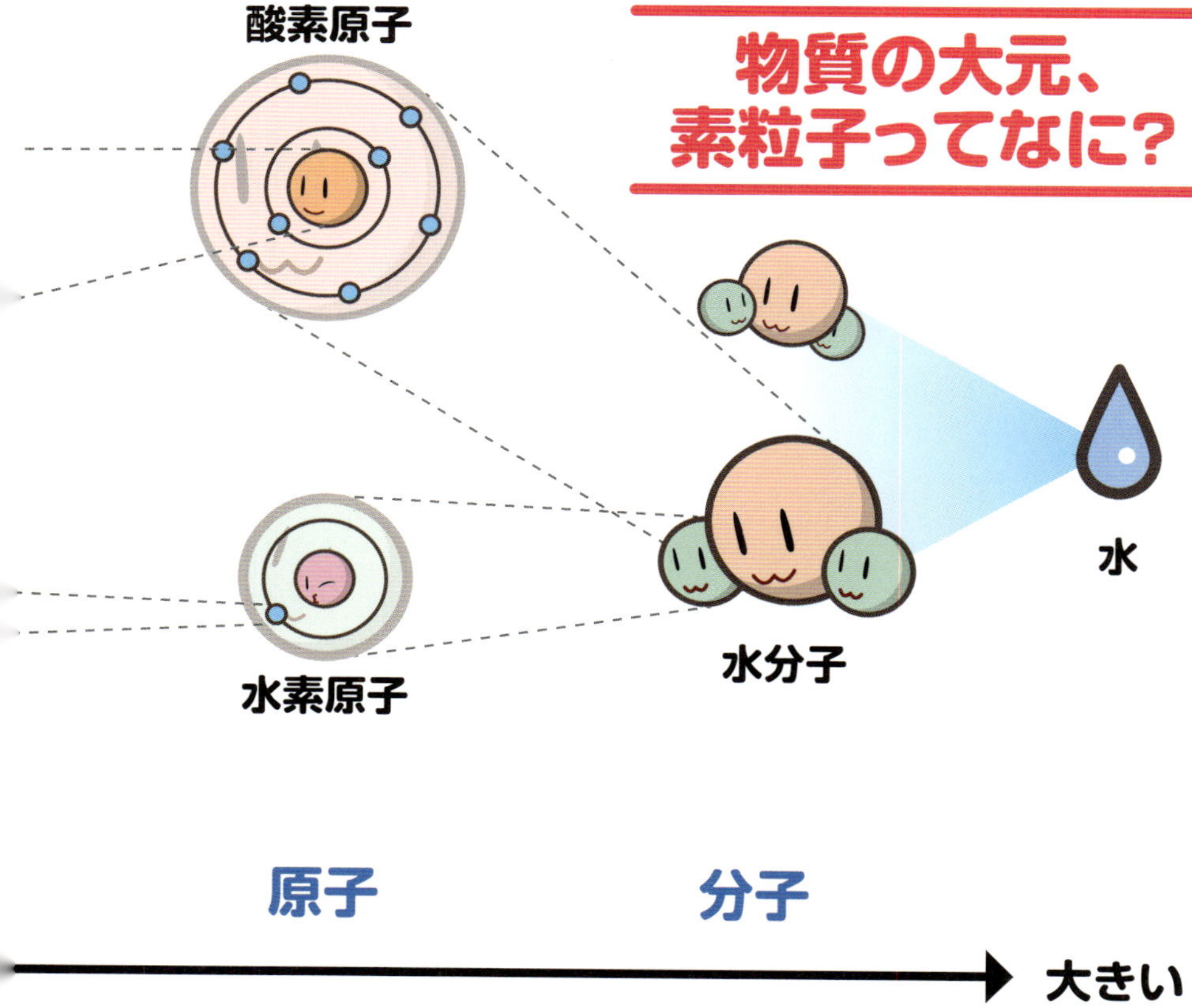

物質の大元、素粒子ってなに？

すべてのものはつぶでできている！

宇宙の話を読みにきたのに、突然素粒子なんて言われても難しい物理のお話はイヤだ！　なんてなってしまうかもしれません。でも実は、宇宙と素粒子には切っても切れない関係があるんです。それに素粒子には難しいことなんてありません。「ものを細かく見ていって、最後に出てくる一番小さいつぶ」で「けっこういろんな種類がある」、ただそれだけです。

物理なんて好きじゃない！　なんて人でも、日常生活で分子だとか原子だとかそういう言葉を聞く機会があると思います。これも「ものを細かく見ていって、途中に出てくる小さいつぶ」のうちの1つです。

例えば私たちの身の回りにいっぱい

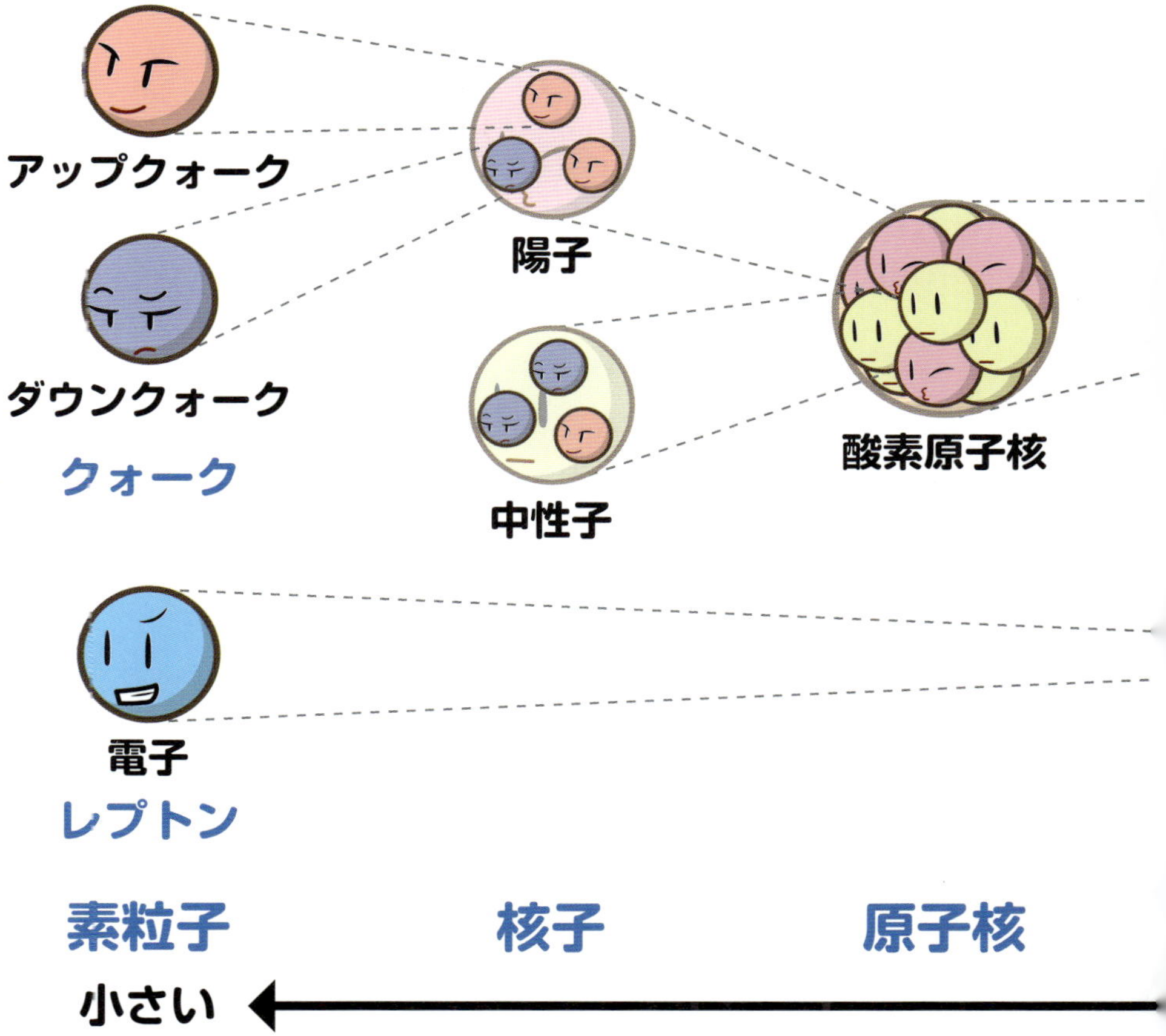

あって、さらには私たちの身体の大部分を作っている水。この水は、水分子と呼ばれるつぶがたくさん集まっているものです。どれくらいたくさんかといえば、1ccの水は30×1000万×1000万×1000万個の水分子が集まったものです。ゼロの数を数えるのがめんどくさいくらい、多いです。

　さらにその水分子をよく見てみると、酸素原子と呼ばれるつぶが1つと水素原子と呼ばれるつぶが2つ、全部で3つのつぶがくっついてできているものだということがわかりました。この世界は100を超えるいろいろな種類の原子が、いろいろな形を作ってできているのです。

　ですが、この原子が「一番小さいつぶ」かと言われるとそうではありません。原子を詳しく見てみると、原子核と呼ばれるプラスの電気を持っている

クォーク
u
c
t
アップクォーク
チャームクォーク
トップクォーク
d
s
b
ダウンクォーク
ストレンジクォーク
ボトムクォーク

レプトン
e⁻
μ⁻
τ⁻
電子
ミュー粒子
タウ粒子
νe
νμ
ντ
電子ニュートリノ
ミューニュートリノ
タウニュートリノ

つぶと、そのまわりをぐるぐる回っている電子と呼ばれるマイナスの電気を持ったつぶであることがわかりました。

さらにこの原子核ですが、陽子と呼ばれるプラスの電気を持ったつぶと、中性子と呼ばれる電気を持っていないつぶが集まってできています。原子の種類は、陽子と中性子とそのまわりを回っている電子の数で決まっていたのです。

そしてこの陽子と中性子ですが、アップクォーク、ダウンクォークと呼ばれるつぶが3つ集まってできています。ちなみに陽子はアップアップダウン、中性子はアップダウンダウン。

このアップクォーク、ダウンクォークというクォーク、そして電子こそが、「ものを細かく見ていって、最後に出てくる一番小さいつぶ」である素粒子なのです。

クォークとレプトンの種類を変える力

弱い力

電気を持つものに働く力

電磁気力

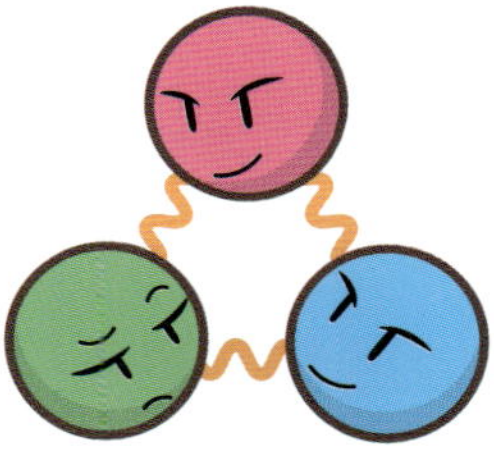

クォークを結ぶ力
原子核を形作る力

強い力

質量のあるものを近づけようとする力

重力

素粒子をくっつける力を伝える素粒子

水からは3種類しか素粒子は出てきませんでしたが、この世界にはクォークの仲間が6種類、電子の仲間が3種類、電子の兄弟のニュートリノと呼ばれる仲間が3種類（電子の仲間とニュートリノをまとめてレプトンと呼びます）います。この世界の物質は、この12種類の素粒子で形作られているのです。

12種類の素粒子で作られている私たちの世界ですが、これだけでは素粒子のつぶが自由気ままにふわふわ飛んでいるだけの面白くない世界にしかなりません。素粒子どうしをくっつける「力」が必要です。この力、この世界には4種類あります。質量がある素粒子に働く重力、電気を持つ素粒子に働く電磁気力、クォークとレプトンに働く

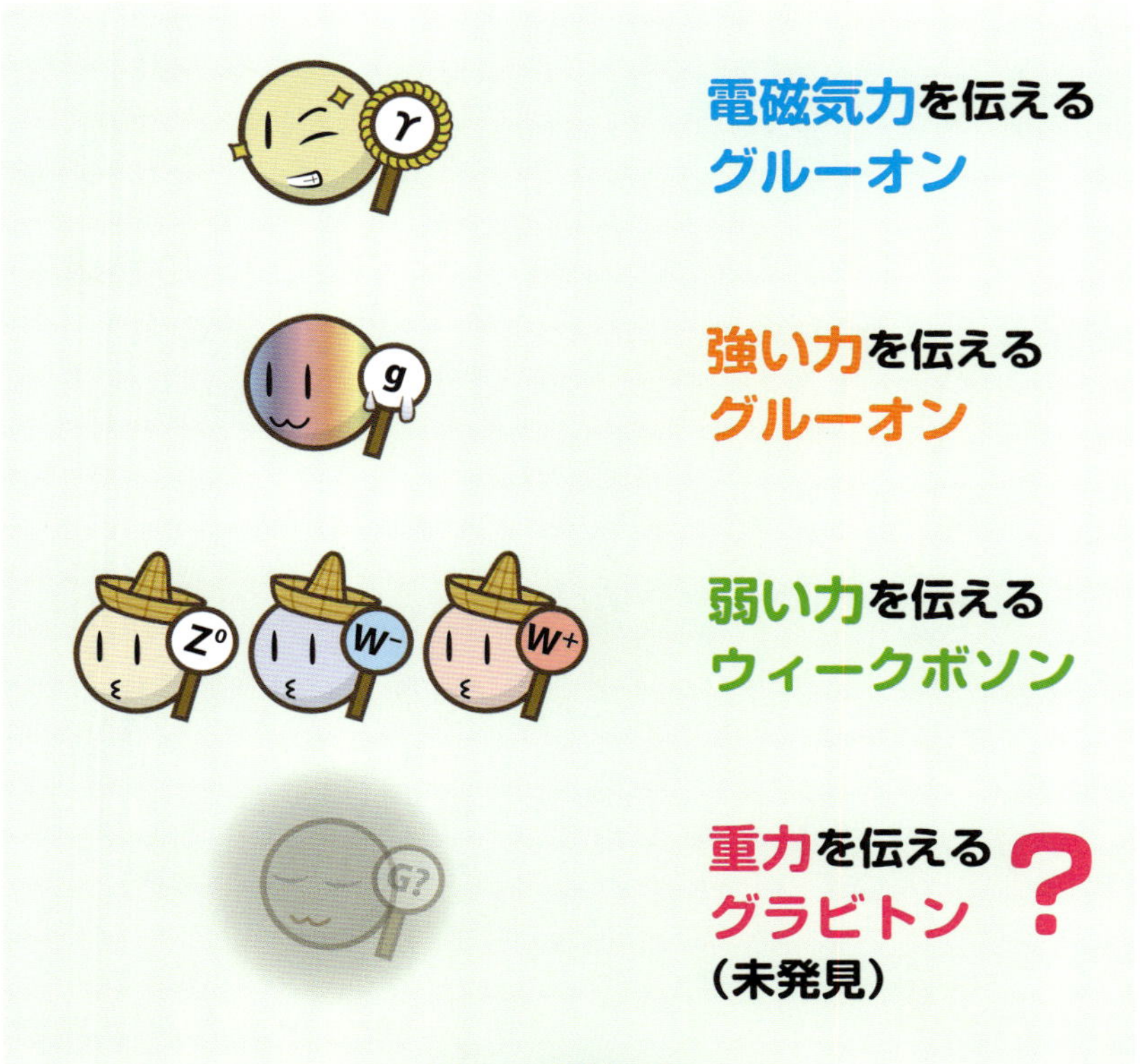

電磁気力を伝える
グルーオン
γ
強い力を伝える
グルーオン
g
弱い力を伝える
ウィークボソン
Z0
W-
W+
重力を伝える
グラビトン
（未発見）
？
G?

ゲージ粒子

弱い力、そしてクォークだけに働く強い力。これらが複雑に働きあって、私たちの身体、地球、そして宇宙を形作っています。

この４種類の力は、それぞれ力を伝えるときに「なにか」をやりとりしています。この「なにか」を素粒子どうしでやりとりすることで力を伝え、ときには素粒子の状態を変えたり種類を変えたりもしちゃうのです。

この素粒子どうしでやりとりする「なにか」のことをゲージ粒子と呼び、これもまたこれ以上細かくすることのできない素粒子なのです。私たちが普段からものをみるために使っている光も、光子と呼ばれる電磁気力をやりとりするための素粒子だったりします。

質量大好き ヒッグス粒子！

**質量のある粒子は
ヒッグス粒子に
まとわりつかれる**

ヒッグス粒子

ヒッグスボソン

物質を作る素粒子に力を伝える素粒子、これだけあれば私たちの世界は形作れそうな気もするのですが、もう1つ大事なものが必要です。それが最近になってようやく実験で確認されたヒッグス粒子。このヒッグス粒子は質量を持つ素粒子にまとわりついて、自由に動きにくくしてしまうのです。もしヒッグス粒子がいなかったら、すべての素粒子は光の速さで飛び回ってしまい、今あるような世界にはなってくれないのです。

物質を形作るクォークとレプトン、強い力と弱い力と電磁気力の3つの力を伝えるゲージ粒子、そしてヒッグス粒子。これらで素粒子の世界の多くのことがきれいに説明できるので、この一式の理論を標準理論または標準模型と呼んで、現在の素粒子物理学の基礎となっています。

宇宙のはじまり

どうやって生まれたのか誰も答えられない

0

ここから
宇宙の歴史が
はじまるよ！
「なにもない」
すらないけど！

はじまりが
一番わかって
いないんだね…

時間が生まれる前のお話

私たちの宇宙がどこから、どうして生まれたのか、誰もが知りたいこの疑問の答えは残念ながらまだ誰も知りません。私たちが存在するこの宇宙が生まれるまでは、私たちが感じることができる時間も空間も存在していないので、そもそも宇宙が生まれる時間より前という考え方すらできないのです。

そんな私たちの宇宙の歴史ですが、片方の軸を時間の流れ、もう片方の軸を空間の広がりを表現するような形で説明図にすることがよくあります。このページのタイトルの下の部分にあるイラストも右端が宇宙が生まれたところ、左端が今私たちが生きている現在として、宇宙の歴史を簡単に表現しているのです。

私たちの世界は4次元？

次元とは世界の広がりを表現するために必要な数のこと。簡単に言うと「その世界で待ち合わせをするのに必要な情報の数」です。例えば棒の上にあるような世界を考えてみましょう。この世界で待ち合わせをするには「今いるところから前に○メートルのところ！」といえば大丈夫です。つまり待ち合わせに必要な情報は基準となる点から○メートルという情報1つ、棒の上の世界は1次元ということになります。次に平べったい紙の上にあるような世界で考えてみると「今いるところから前に○メートル、左に○メートル！」の2つの情報、つまり2次元です。では私たちの世界はどうでしょうか。紙の上の世界の情報に加えて、高さに関する情報を入れてあげれば待ち合わせできそうです。ただ実際に待ち合わせをしようとすると、3つの情報に加えて「今から○時間後」という時間に関する情報がないと困ってしまいます。つまり私たちの世界は空間3次元に時間が1次元、合計で4次元の世界となるのです。

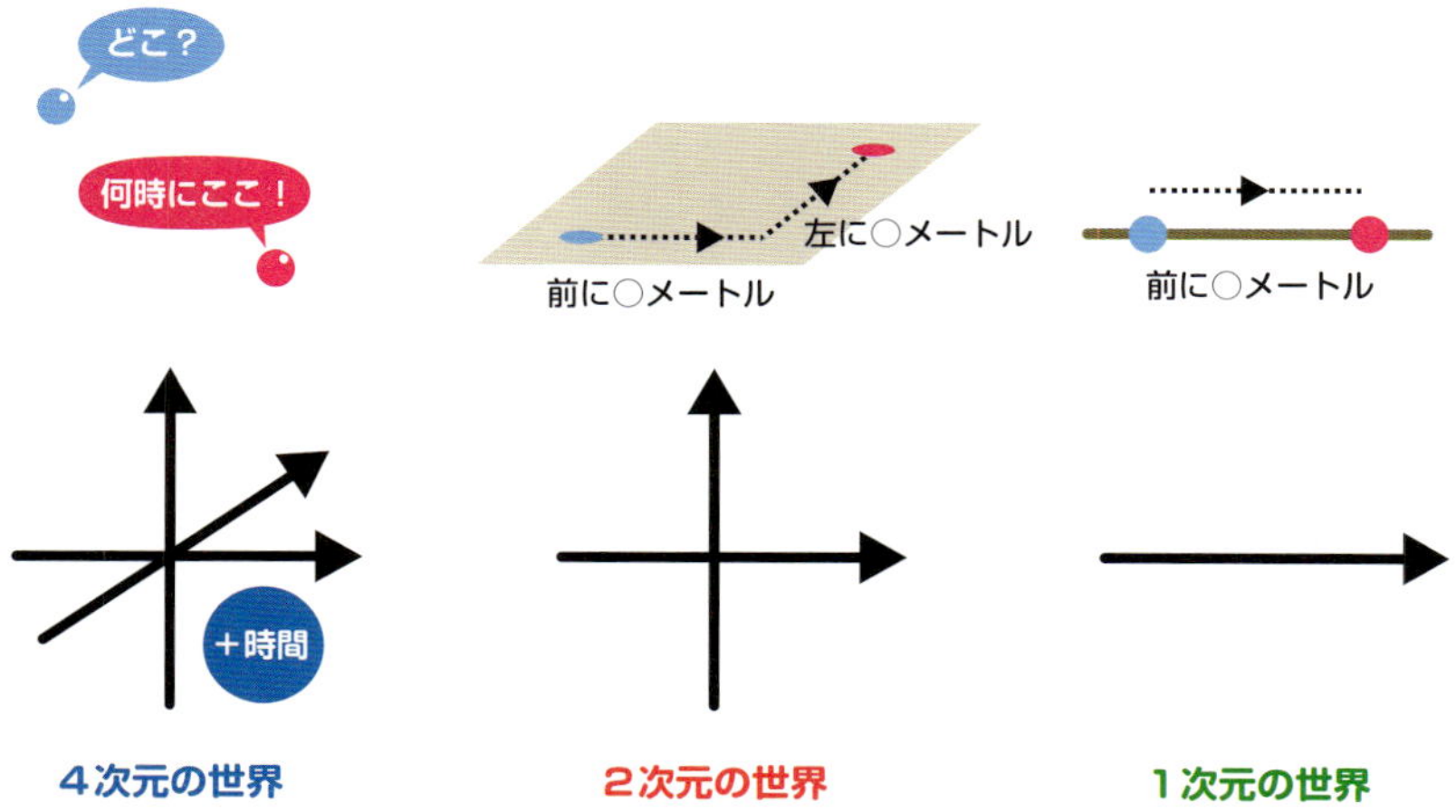

この世界は何次元？

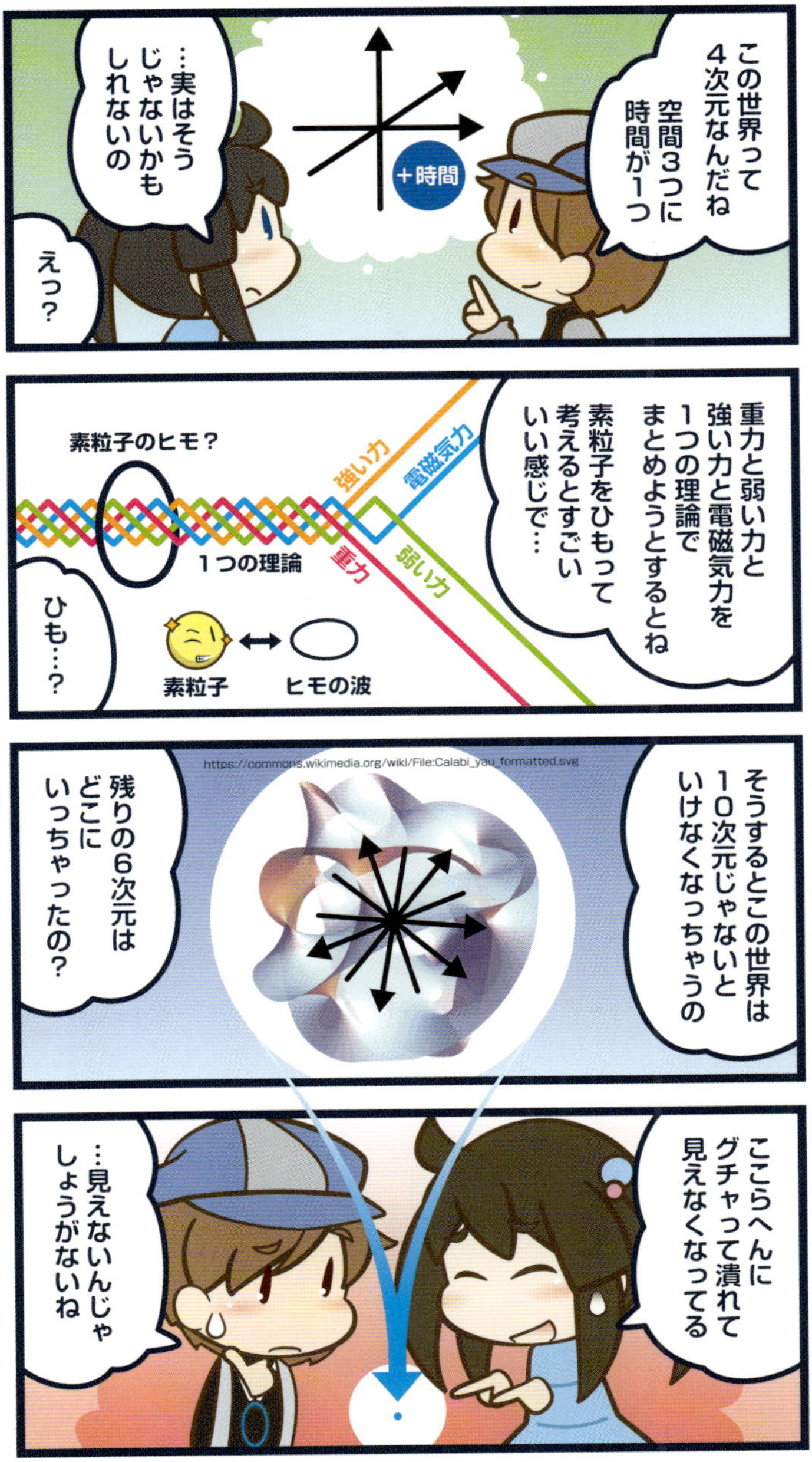

4つの力を1つの理論にまとめる

のちほどもう少し詳しく説明しますが、この理論を「万物の理論」などと呼んでいます。

10次元の世界

1次元に見える棒もよく見ると3次元の構造があるように、この宇宙も10次元なのかもしれません。

プランク時代

素粒子物理学的に意味をなさない宇宙

0~10^{-43}秒

電磁気力＋弱い力＋強い力＋重力

4つの力が
混ざってて
区別できないね

生まれたての
宇宙はすごい
小さいんだなあ

生まれてすぐの宇宙は想像できない

　この宇宙が生まれて、それからおおよそ10のマイナス43乗（0.000 000 000 000 000 000 000 000 000 000 000 000 000 000 000 1）秒後までの間をプランク時代と呼んでいます。そのプランク時代の宇宙は、素粒子物理学ではほとんど予想することができません。ただ間違いないことはプランク時代の宇宙はとてもとても小さくてとてもとても熱かったということです

　また現在ではまったく別の力として扱われている電磁気力、弱い力、強い力、重力の4つの力ですが、このプランク時代では完全に混ざり合っていて区別することができなかったと考えられています。

素粒子物理学でとっても大事なプランク定数

素粒子物理学にはプランク定数と呼ばれるとっても重要な数字があります。なにが重要かってこのプランク定数、素粒子物理学における一番小さいサイズを決めてくれるのです。つまり「プランク定数によって決まるサイズよりも小さいものは素粒子物理学の世界では考える必要がないよ！」ということ。例えばプランク定数によって決まる一番小さな時間のサイズ、これをプランク時間というのですが、これがおよそ10のマイナス43乗（0.000 000 000 000 000 000 000 000 000 000 000 000 000 000 1）秒になります。この数字、プランク時代の長さと同じですね。つまりプランク時代とは、宇宙が生まれてからプランク時間までのあいだの、素粒子物理学では予想することのできない時代のことなのです。ある意味では「素粒子物理学が生まれた時代」ということができるかもしれません。またプランク長さと呼ばれるプランク定数で決まる一番小さい長さのサイズは10のマイナス35乗（0.000 000 000 000 000 000 000 000 000 000 000 01）メートルで、これがプランク時代の宇宙の大きさに相当しています。

プランク時代の宇宙

プランク時間

0.000 000 000 000 000 000 000 000 000 000 000 000 000 000 1 秒

プランク長さ

0.000 000 000 000 000 000 000 000 000 000 000 01 メートル

プランク定数って大事!

プランク長さ
0.000 000 000 000 000 000 000 000 000 000 000 01メートルです。

全然わかんない
いつかわかる日が来るといいなあと思いつつ、素粒子物理学の進歩を見守りたいところです。

大統一時代

宇宙が膨張しはじめて、重力だけが分離した時代

10^{-43}〜10^{-36}秒

電磁気力＋弱い力＋強い力
重力
重力だけ、
別の力になった！

膨らみはじめる宇宙

プランク時代を過ぎると素粒子物理学の出番です。ここから宇宙は膨張をはじめます。宇宙が膨張していくと、それにつれて宇宙の温度は冷めていくのですが、その冷めていく過程で素粒子や4つの力にいろいろと影響を及ぼしていくのです。

冷めはじめた宇宙ではじめに起こること、それは混じり合っていた4つの力からの重力の分離です。重力は分離してしまいましたが、残った電磁気力、弱い力、強い力の3つの力はまだ混じり合ったまま。この3つの力を1つにする理論のことを、まだ未完成ではあるのですが、大統一理論と呼んでいます。これに合わせて、この時代のことを大統一時代と呼んでいます。

大統一理論と大統一時代

素粒子物理学には電磁気力、弱い力、強い力、重力の４つの力がありますが、とてもとっても高いエネルギーの状態ではすべての力が混ざりあって区別できないようになっていたと考えられています。つまり、すべての力を1つの理論で取り扱えるはずなのです。このような究極の力の理論である「万物の理論」を、素粒子物理学の理論屋さんたちはがんばって作り上げようとしています。４つの力のうちの電磁気力と弱い力は、すでに電弱相互作用という力として1つに取り扱うことができるようになっています。この理論を電弱統一理論、または作った人達の名前をとってワインバーグ＝サラム理論と呼んでいます。さらに強い力をまとめて取り扱う理論、大統一理論の構築も進んではいますがまだ完成には至っていません。

大統一時代は電磁気力、弱い力、強い力が混ざってしまうような高いエネルギーの状態で、大統一理論によって説明できるような時代だったと考えられているわけです。

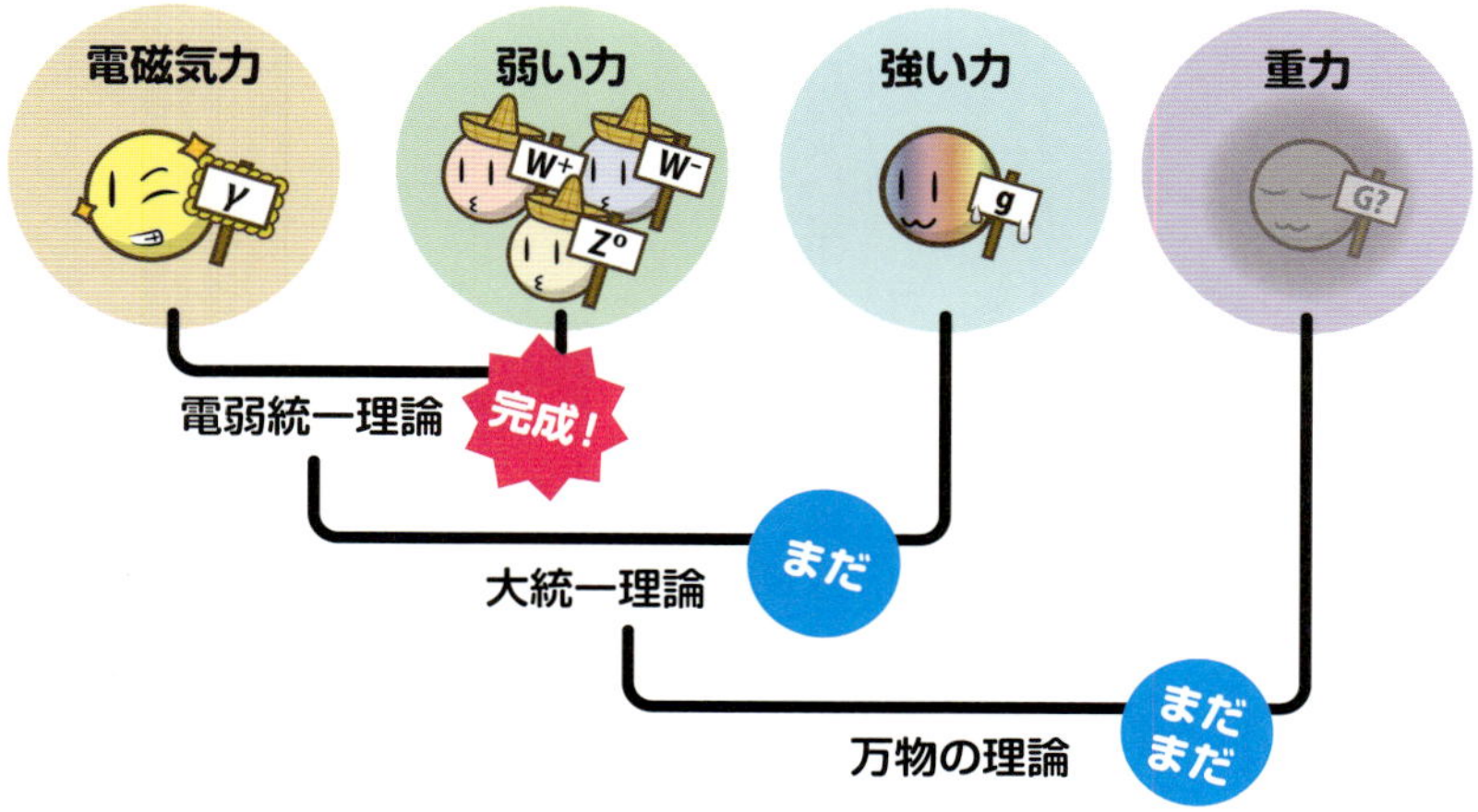

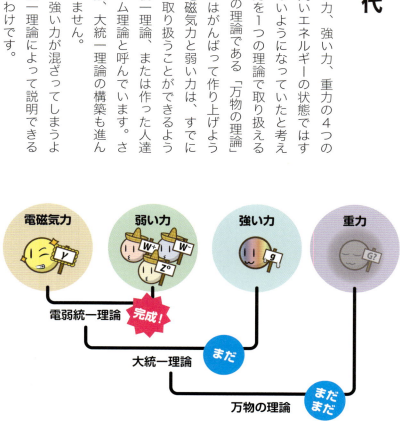

4つの力をまとめてみよう

電弱統一理論
弱い力と電磁気力（電気と磁気の力）をまとめて説明できる理論。すでに完成しています。

大統一理論と万物の理論
大統一理論は完成できそうな気がしていますが、万物の理論はまだもう少し掛かりそうです。

インフレーション時代

宇宙がものすごい勢いで膨らんでいく

10^{-36}～10^{-34}秒

電磁気力＋弱い力
強い力
すっごい勢いで
宇宙が
膨らんでる！

強い力が分離して
電磁気力と弱い力
だけになったね

とんでもない勢いで膨らむ宇宙

この宇宙が生まれてから10のマイナス36乗秒後、宇宙は光の速さを超えるようなとんでもないスピードで膨らんでいきます。宇宙のサイズが突然数十桁も大きくなってしまったのです。例えるなら原子核くらいの大きさだった宇宙が私たちの太陽系くらいまで大きく膨らんでしまったようなもの。このとんでもない膨張のことをインフレーションと呼んでいます。

またこのタイミングで大統一されていた3つの力のうちの強い力が分離するのですが、この強い力と電弱の力の分離がインフレーションに関係しているとも考えられています。

インフレーションで宇宙が冷めて、熱くなる

インフレーションが起こって宇宙が急激に膨張すると、宇宙の温度は急激に下がってしまいます。とんでもない勢いの膨張ですから、とんでもない勢いの冷め方です。インフレーション直後の宇宙の温度は、実はほぼゼロといった状態になってしまうのです。生まれたばかりの宇宙はとっても熱い、というイメージからはちょっと違ったものかもしれませんね。

そしてこのインフレーションが終わった頃、宇宙で真空のエネルギーと呼ばれるものが開放されます。このエネルギーの説明はとっても難しいのですが、宇宙の状態がガラッと大きく変化したために何もないところからすごいエネルギーがあふれ出してきた！といった感じのぼんやりとした理解で大丈夫だと思います。このすごいエネルギーによって宇宙はあらためて加熱されて、とても熱い状態になるのです。これを宇宙の再加熱と呼んでいます。

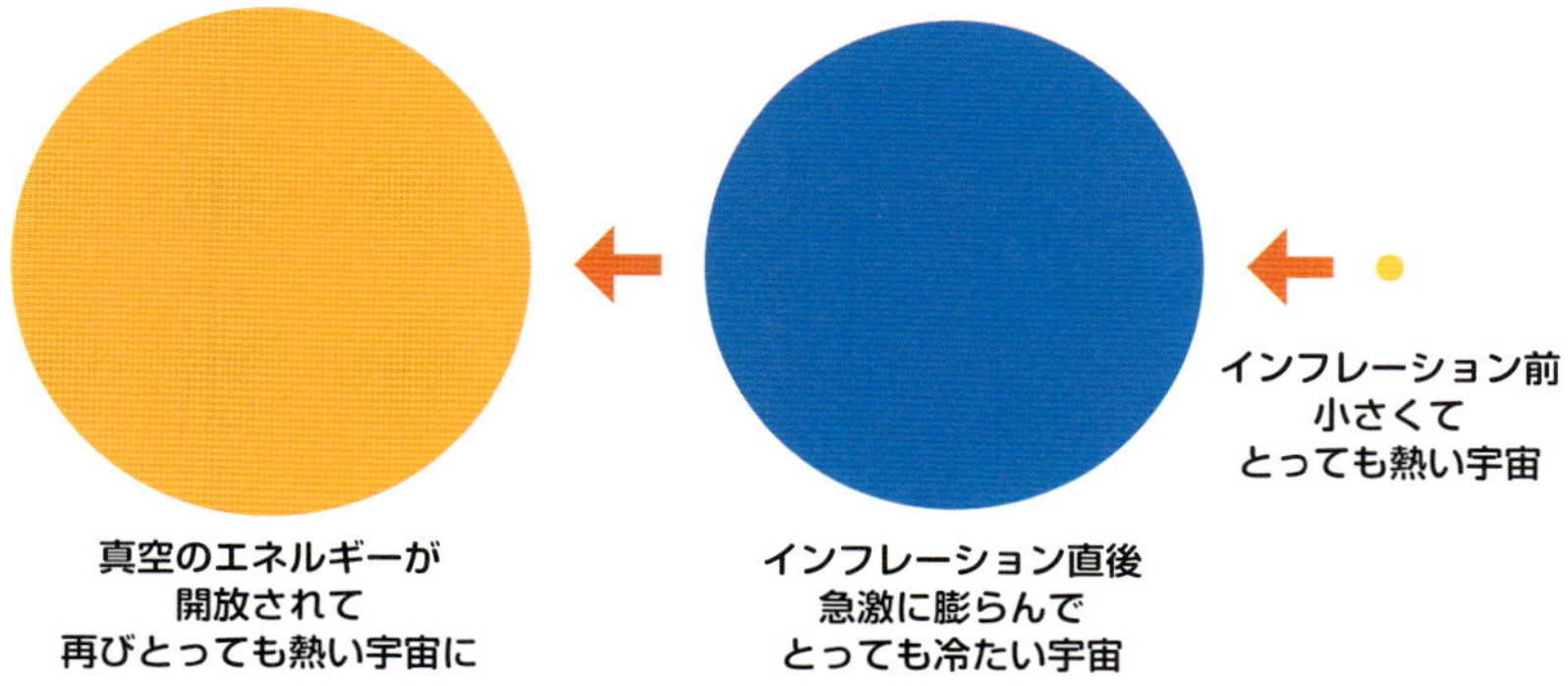
インフレーション前
小さくて
とっても熱い宇宙
インフレーション直後
急激に膨らんで
とっても冷たい宇宙
真空のエネルギーが
開放されて
再びとっても熱い宇宙に

インフレーションはいそがしい?

すごい勢いで膨らむ宇宙

インフレーションがはじまると光を超える速さで宇宙は膨らんでいきます。ぷくぷく。

冷めて、再び熱くなる

宇宙は一度冷え切ってしまうのですが、真空のエネルギーが開放されて再び熱い状態になります。

電弱時代

素粒子であふれかえる、熱くてにぎやかな宇宙

10^{-34}～10^{-12}秒

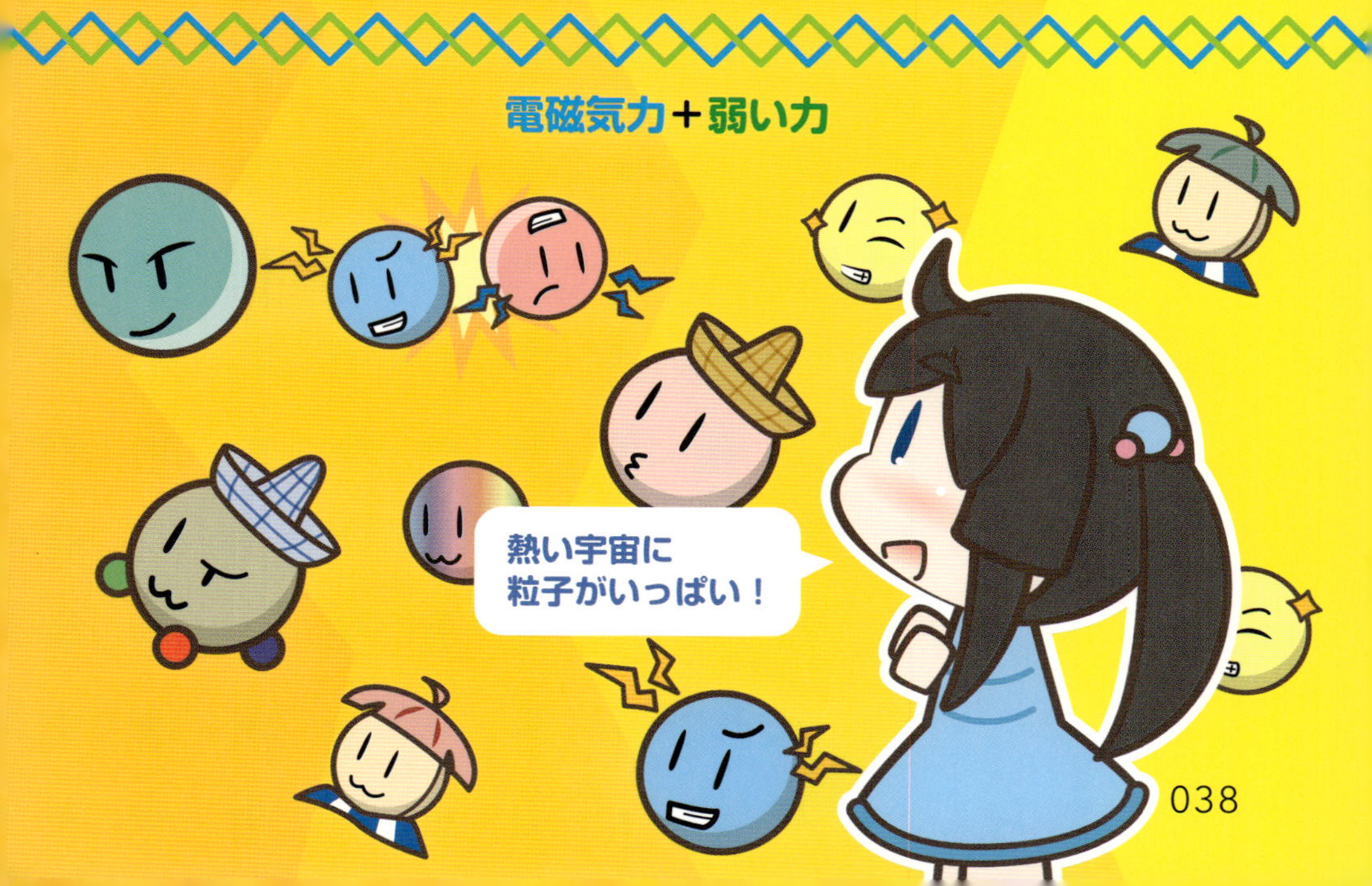
電磁気力＋弱い力
熱い宇宙に
粒子がいっぱい！

この状態の宇宙を
ビッグバン
っていうんだ

宇宙は熱い火の玉、ビックバン!

インフレーションが終わって真空のエネルギーで宇宙が再加熱されると、熱い宇宙はそのエネルギーを使ってクォークやレプトン、光子やウィークボソンなどの粒子をたくさん生み出し、それらが光の速さで飛び回っているというとってもにぎやかな状態になっています。そんな熱くて粒子で満ちあふれた状態の宇宙のことを、ビックバンと呼んでいるのです。

この頃の宇宙も十分に熱かったので、電磁気力と弱い力は混ざりあって区別できない状態でした。この2つの力を一緒に取り扱う電弱統一理論はすでに完成しているので、素粒子物理学はこの時代の理解に大きな力を発揮していきます。

熱い宇宙で粒子が生まれる

この世界はクォークやレプトンなどの素粒子で作られているのですが、それらの素粒子たちには「質量は全く同じなんだけど電気的な性質が正反対」という微妙なそっくりさんが存在します。このそっくりさんのことを、反粒子と呼んでいます。例えばマイナスの電気を持つ電子の反粒子はプラスの電気を持つ陽電子といった具合です。この粒子と反粒子ですが、ばったり出会うと消滅してエネルギーになってしまう対消滅という性質と、高いエネルギーがあると何もないところから粒子と反粒子が生まれちゃう対生成という面白い性質があります。粒子が消滅してエネルギーになったり、エネルギーが粒子を作り出したり、すごいSFっぽい!

電弱時代では熱い宇宙のエネルギーを利用して、対生成によってたくさんの素粒子が生まれて、対消滅によって消えていっているのです。

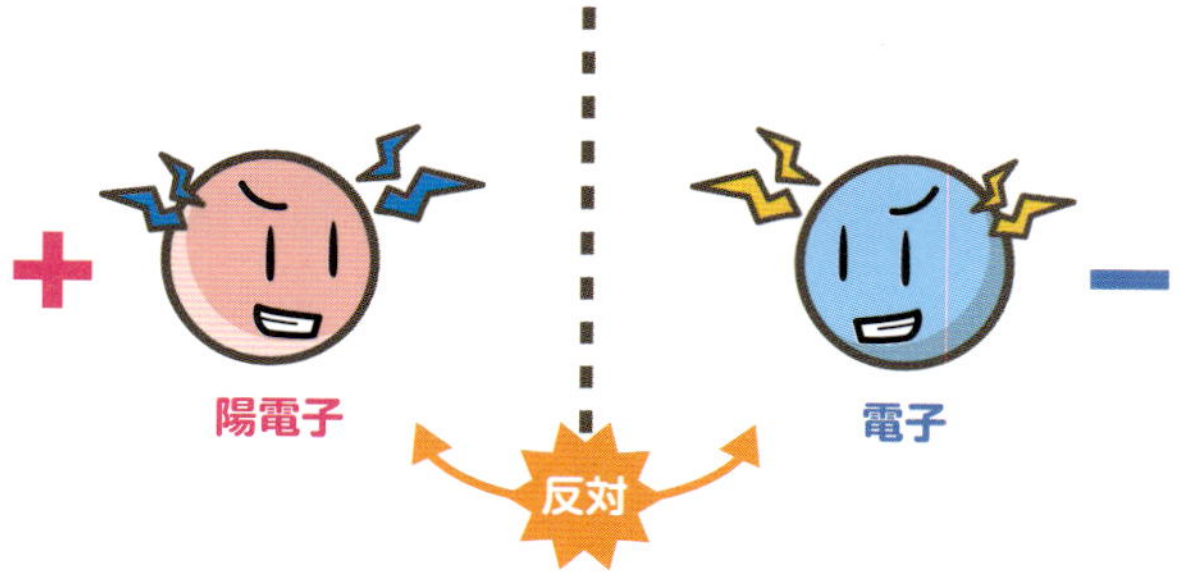
+
陽電子
−
電子
反対

対生成
とても高いエネルギーがあるところで
粒子と反粒子が生まれる
対消滅
粒子と反粒子が出会って
エネルギーを出して消える

電子？陽電子？

陽電子

電子の反粒子のプラスの電気を持った素粒子。反粒子が集まってできたものが、反物質。

反物質が普通に存在しない理由

物質も反物質も、同じだけ存在してもいいのに、この世界が物質ばかりな理由はわかっていません。

クォークの時代

ヒッグス粒子が質量をもたらした時代

10^{-12}~10^{-6}秒

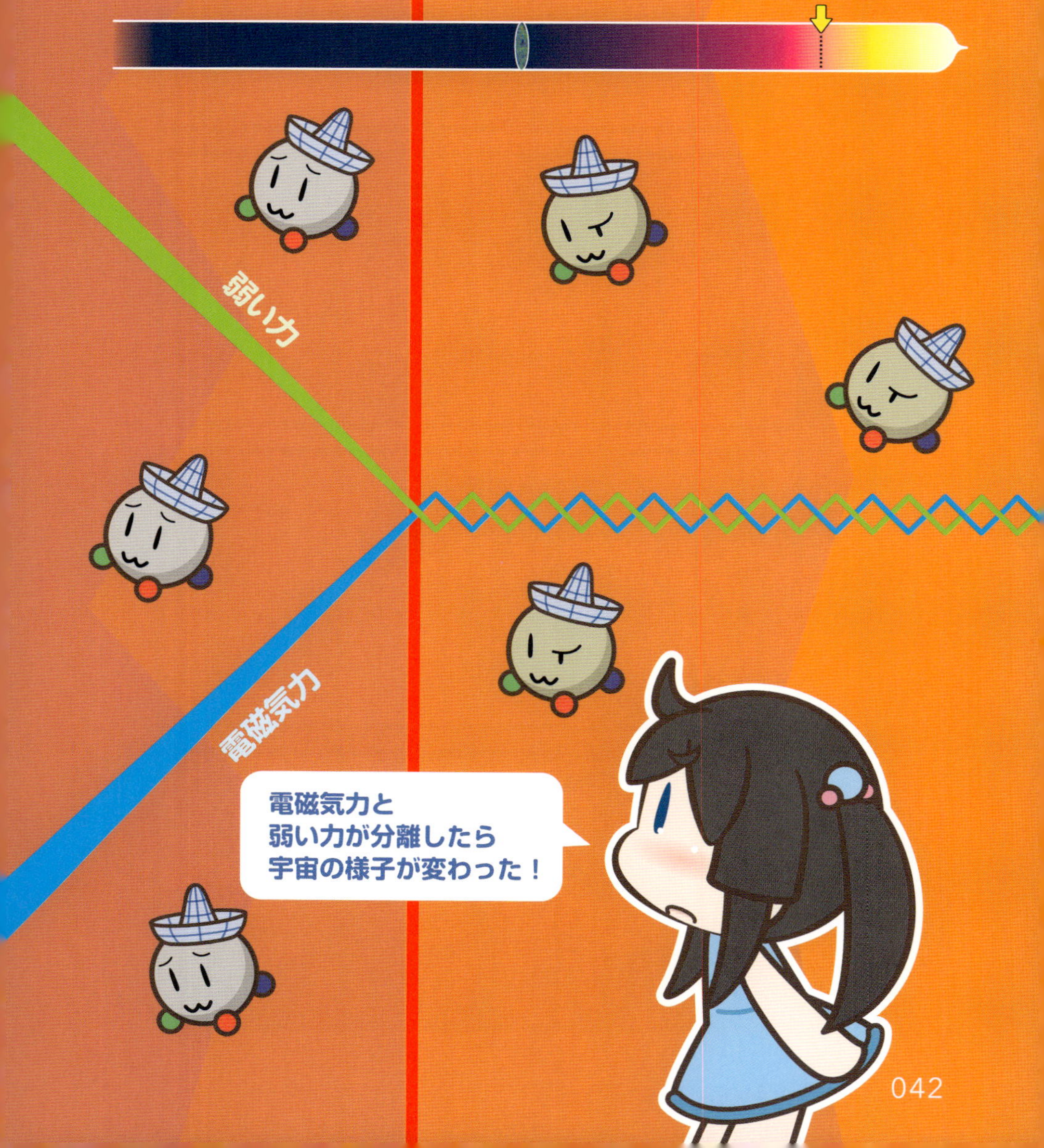
弱い力
電磁気力
電磁気力と
弱い力が分離したら
宇宙の様子が変わった！

ヒッグス粒子が
他の粒子に
べたべたしてる！

光の速さで動けなくなった宇宙

この宇宙が生まれてから1兆分の1秒ほど経過して宇宙の温度も1000兆度くらいまで下がってくると、いよいよ電磁気力と弱い力が分離してしまうのですが、この時世界の様子は大きく変化します。それまでは何もしていなかったヒッグス粒子の性質が変化して、他の粒子にまとわりつくというちょっかいを出しはじめるのです。このヒッグス粒子のちょっかいによって、クォークやレプトンのような質量を持つ粒子は光の速さで飛び回ることができなくなってしまいます。

ヒッグス粒子がかまってちゃんになった！

クォーク時代のはじまりの説明には、ヒッグス粒子の性格をちょっぴり理解することが必要となってきます。電弱時代までのヒッグス粒子は質量を持つ粒子にくっついたり離れたりで、その動きに影響を与えてはいませんでした。ところが宇宙の温度が1000兆度まで下がってそれまで電弱相互作用として区別できなかった電磁気力と弱い力が分離すると、ヒッグス粒子の性格が大きく変化します。質量を持つ粒子にひっついてしまうようになるのです。ヒッグス粒子にひっつかれた粒子はその運動の状態が変化しにくくなってしまいます。速く動こうとすればどこかからエネルギーを持ってこないといけないし、遅くなろうとすれば何処かにエネルギーを捨てないといけなくなってしまうのです。ちなみにその粒子の質量が大きければ大きいほど、ヒッグス粒子からの好かれ具合は大きくなっていきます。質量のない光子はヒッグス粒子に好かれていないので、あいかわらず光の速さで動けるわけです。

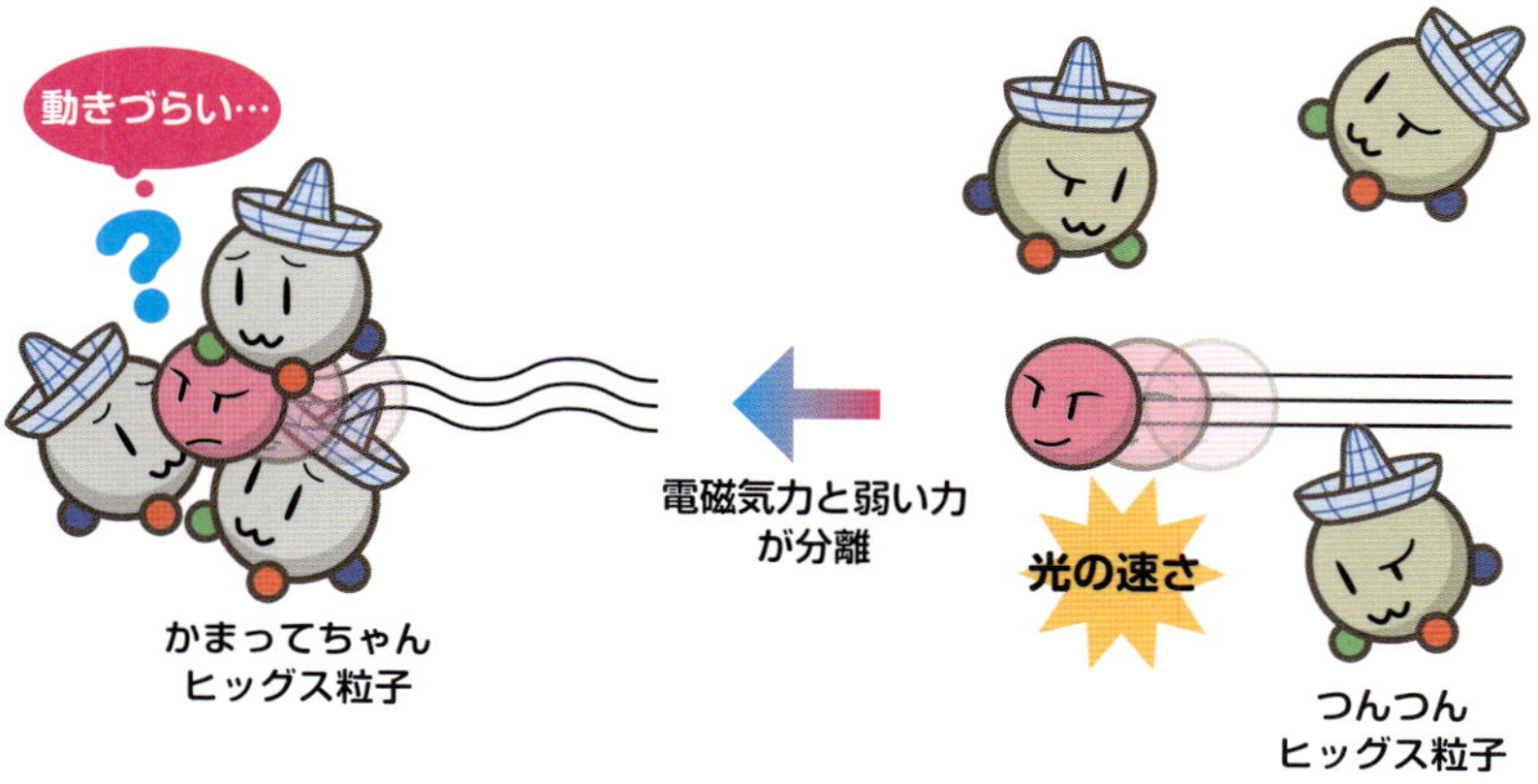

動きづらい…
かまってちゃん
ヒッグス粒子
電磁気力と弱い力
が分離
光の速さ
つんつん
ヒッグス粒子

ヒッグスくんはかまってちゃん?

宇宙の相転移
宇宙がある温度を境い目として、状態が大きく変わってしまうことをいいます。

光の速さで動けない
質量が大きければ大きいほど、ヒッグス粒子に好かれて動きづらくなっちゃいます。

ハドロンの時代

クォークが消えて、陽子や中性子が生まれる

10^{-6}秒～1秒

陽子
中性子
パイ中間子
強い力でくっついたクォークの塊をハドロンっていうんだよ

強い力がクォークを束縛する！

この頃になると宇宙の温度は1兆度くらいにまで冷えてきて、それまで自由に飛び回っていたクォークに変化が現れます。クォークの飛び回る力が、クォーク同士をとても強く結びつける力である強い力に負けてしまうのです。クォークがばらばらに存在することができない、強い力によるクォークの束縛の時代です。クォークは強い力に捕まってしまい、陽子や中性子のようなバリオンやパイ中間子のようなメソン、つまりハドロンが生まれます。反クォークも同じように反バリオンである反陽子や反中性子を形成するのですが、普通の陽子や中性子と対消滅を起こして消えてしまい、結局普通の陽子や中性子だけが残ります。

強い力とグルーオンと3つの色

4つの力のうちの1つの強い力は、クォークとクォークをとっても強い力で結びつけようとします。この強い力の働きで大切な役割を持っているのが、グルーオンと呼ばれる粒子。強い力はグルーオンがクォークとクォークのあいだでやり取りされることで働くのです。例えればグルーオンはクォークをくっつける接着剤みたいなものです。

強い力が持っているルールはちょっと特殊。光の三原色（赤い光、青い光、緑の光を混ぜ合わせると白い光になる）と同じように、クォークも赤色、青色、緑色の3種類の「色」のどれかを持っていると考えるのです。そうすると、この「色」が常に白色になるようにクォークに対して強い力が働くようにできているのです。例えば陽子はアップクォーク2つとダウンクォーク1つでできていますが、陽子が白色になるように、これらのクォークの色は必ず赤色、青色、緑色となっています（どの色がダウンクォークになるかは決まっていません）。

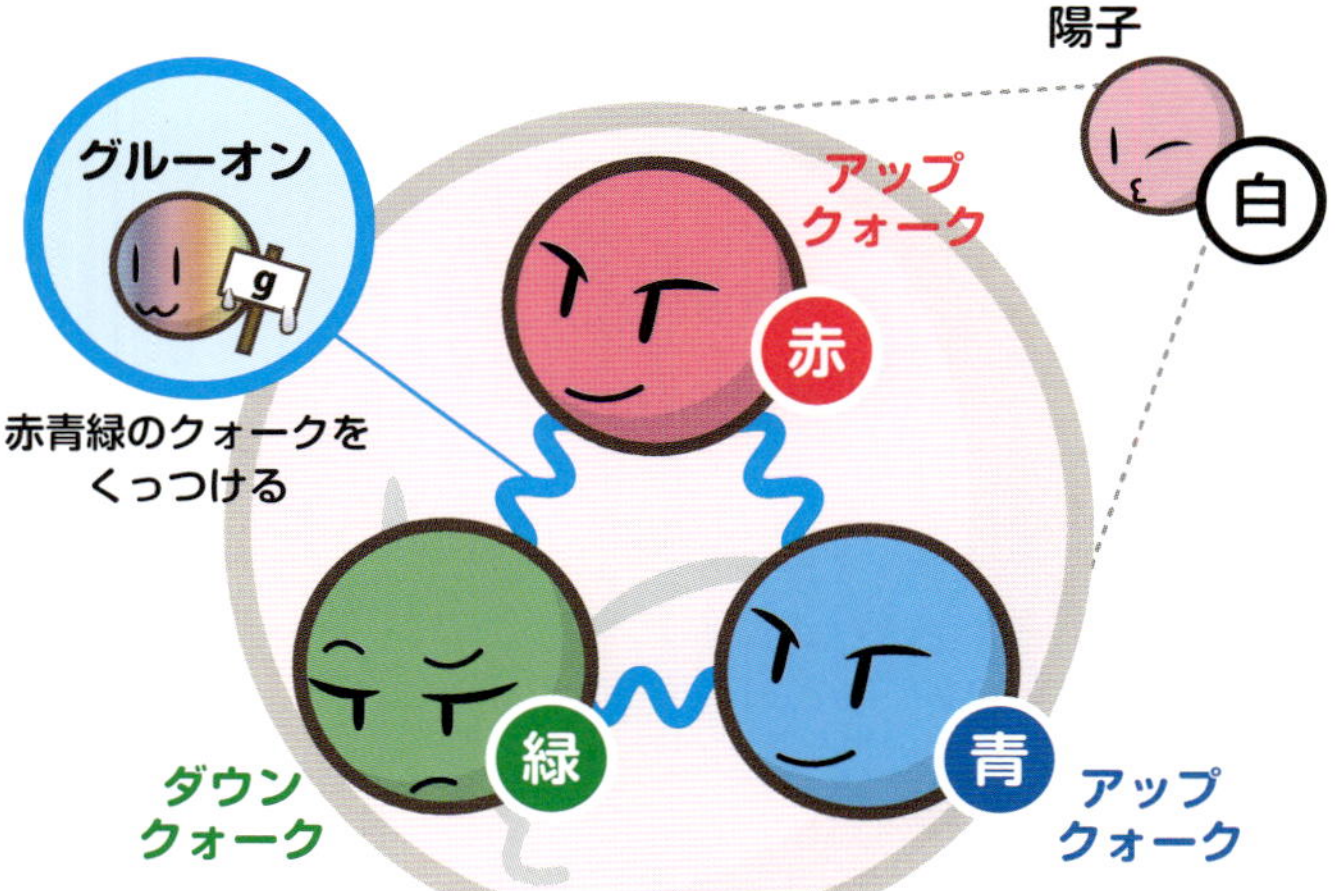

とっても強い、強い力

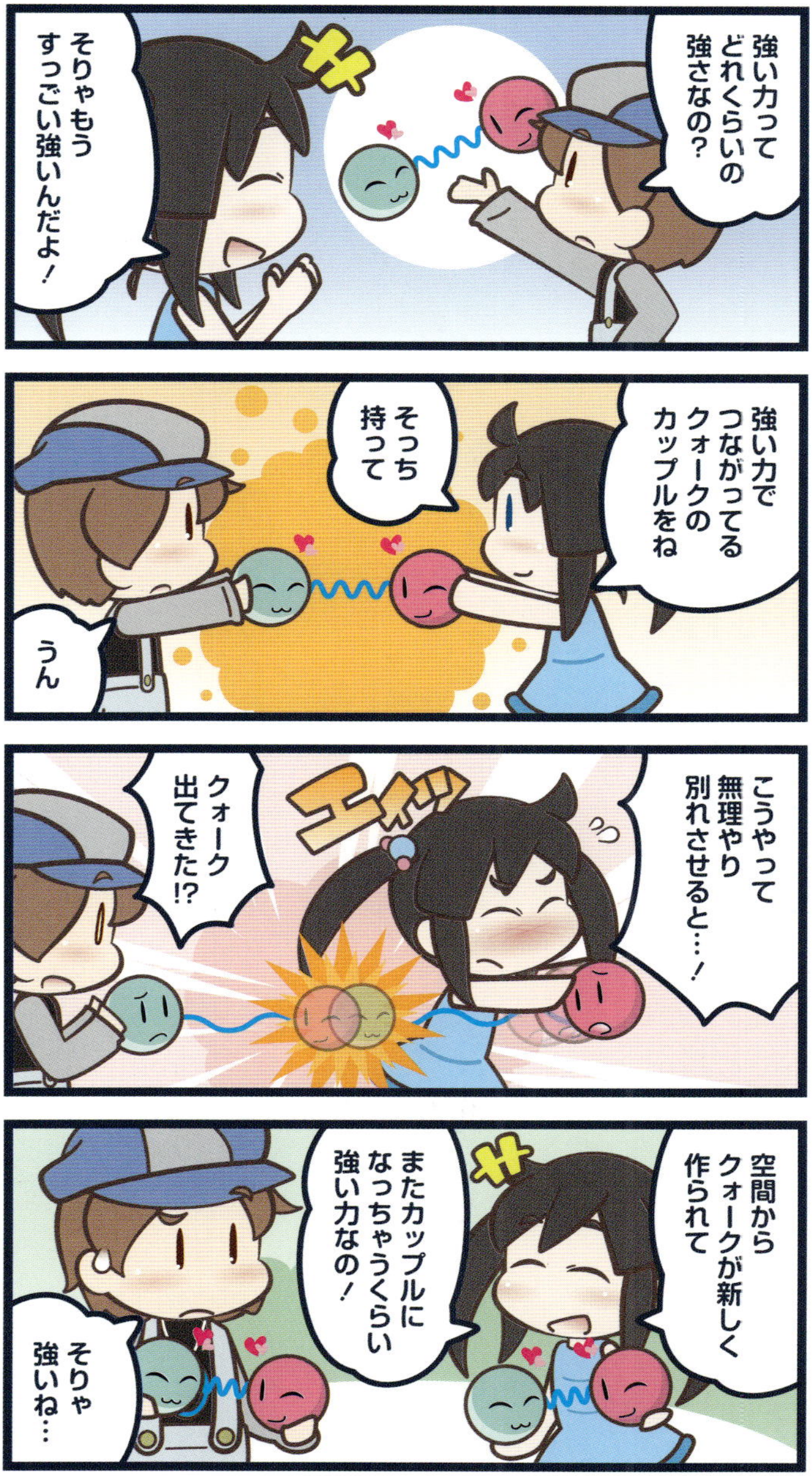

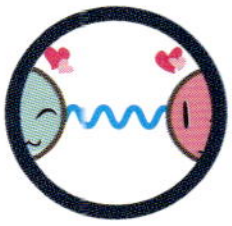

強い力
クォークとクォークにはたらくとっても強い力。近ければ近いほど、強くなるのが特徴です。

クォークの対生成
クォークを別れさせようとするエネルギーでクォークのペアが空間から生まれてしまいます。

レプトンの時代

電子などレプトンが主役の時代

1秒〜3分

電子と陽電子の
対生成
ハドロンの
対消滅
ハドロンがほとんど
対消滅して、
レプトンばっかり！

って思ったら、
電子と陽電子も対消滅して
ずいぶん減っちゃった
電子と陽電子の
対消滅

レプトンであふれて、消えていく

ようやくこの宇宙の誕生から濃密な1秒が経過しました。ハドロンと反ハドロンが対消滅でほとんどなくなってしまうため、電子やニュートリノのようなレプトンが宇宙の主役となっていきます。ですがこのレプトンの時代も長くは続きません。宇宙が膨らみ続けて冷めてくると、いよいよ電子と陽電子の対生成も起こらなくなってきます。電子と陽電子は対消滅を続けて、少しの電子だけを残してレプトンも消えていきます。宇宙は少しの陽子と中性子、少しの電子、たくさんの光子と自由に飛び回るニュートリノとなっていくのです。今の宇宙とそれほど変わらないですね。

宇宙が生まれて数秒後のニュートリノ

レプトンには電子のような荷電レプトンとニュートリノの2種類があるのですが、そのうちのニュートリノは荷電レプトンとは少し違う運命を辿ります。ニュートリノは電気を持っていないので電磁気力は働かず、弱い力だけが作用することができます。この弱い力によって陽子や中性子と反応することはできるのですが、宇宙が生まれて数秒後にはハドロン時代が終わって陽子や中性子はほとんどなくなってしまいます。ニュートリノの対生成ができるようなエネルギーもなかったため、この時代に残されたニュートリノは何にも干渉されることなく、宇宙を自由に飛び回り続けることになります。つまり、私たちはこの頃のニュートリノを地球で観測することができるかもしれないのです。このような宇宙が生まれて数秒後のニュートリノのことを宇宙背景ニュートリノと呼んでいて、この痕跡を頑張って探そうとしていたりします。

陽子や中性子のせいで
自由に動けないニュートリノ

陽子や中性子がなくなって
自由に飛び回るニュートリノ

なんで物質だけ残った?

ハドロンや電子が残った理由

なぜハドロンや電子のような粒子だけが残ることになったのか、残念ながらわかっていません。

粒子と反粒子の違い

粒子と反粒子は持っている電気の性質だけ違うと考えられていましたが、じつは違うのかも…。

原子核の合成

陽子と中性子が原子核を作り出す

3分〜20分

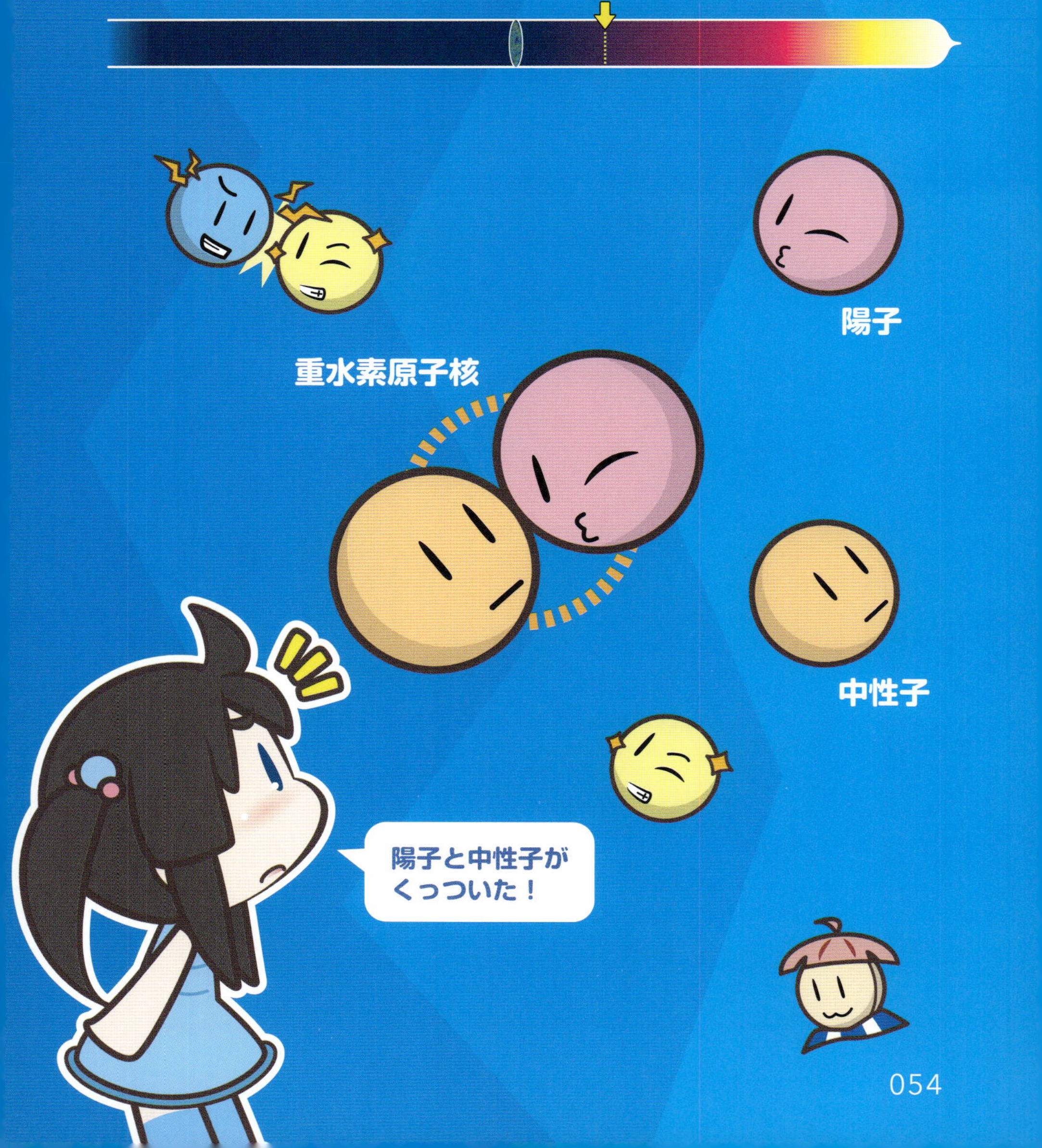
陽子
重水素原子核
中性子
陽子と中性子が
くっついた！

陽子2個と中性子2個で
ヘリウムの原子核も
生まれたよ！
ヘリウム4原子核

陽子と中性子がくっつく！

この宇宙が生まれて3分も経過すると、宇宙の温度は10億度くらいまで冷えてきます。このくらいの温度になると、少しだけ残って自由気ままに飛び回っていた陽子と中性子がぶつかった時に合体するようになります。陽子と中性子のかたまり、原子のもとになる原子核の誕生です。陽子と中性子がぶつかって重水素原子核が作られたり、さらに陽子や中性子がぶつかって陽子2個と中性子2個で作られるヘリウム4原子核が作られていきます。このような原子核の合成は、宇宙がさらに冷めてしまう宇宙が生まれてから20分後まで続いていきます。

原子核を作る、核融合反応！

クォークは強い力によって結び付けられてクォークのかたまりである陽子や中性子を作り出しますが、陽子や中性子も強い力によって結び付けられて陽子と中性子のかたまりである原子核を作り出します。陽子と中性子が結びつくと、陽子1個と中性子1個で作られる重水素原子核が作られ、ここからさらに陽子と中性子がくっついて陽子2個と中性子2個で作られるヘリウム4原子核が作られていきます。いろいろと作られる原子核ですが、陽子1個の水素原子核とこのヘリウム4原子核が特に安定しているので、宇宙の陽子と中性子は水素原子核とヘリウム4原子核の状態になっているものがほとんどになります。

この陽子や中性子がくっつく反応は核融合反応と呼ばれるものです。今でも太陽の中心で反応していたり、人類も地球上で人工的に反応させようとしています。そんな核融合を宇宙のそこらへんで起こしてしまえるほど、宇宙はまだまだ熱く、エネルギーが溢れている状態だったのです。

ヘリウム4原子核
（陽子2個＋中性子2個）

重水素原子核
（陽子＋中性子）

水素原子核
（陽子）

身のまわりの物質の作り方

分子からクォークまで
物質を細かく見ていけば、分子、原子、原子核と電子、クォークとなっていきます。

3種類でできている
アップクォークとダウンクォークと電子の3つで身近な物質は構成されているのです。

宇宙の晴れ上がり

原子が作られ、光子が自由に飛び回る

38万年

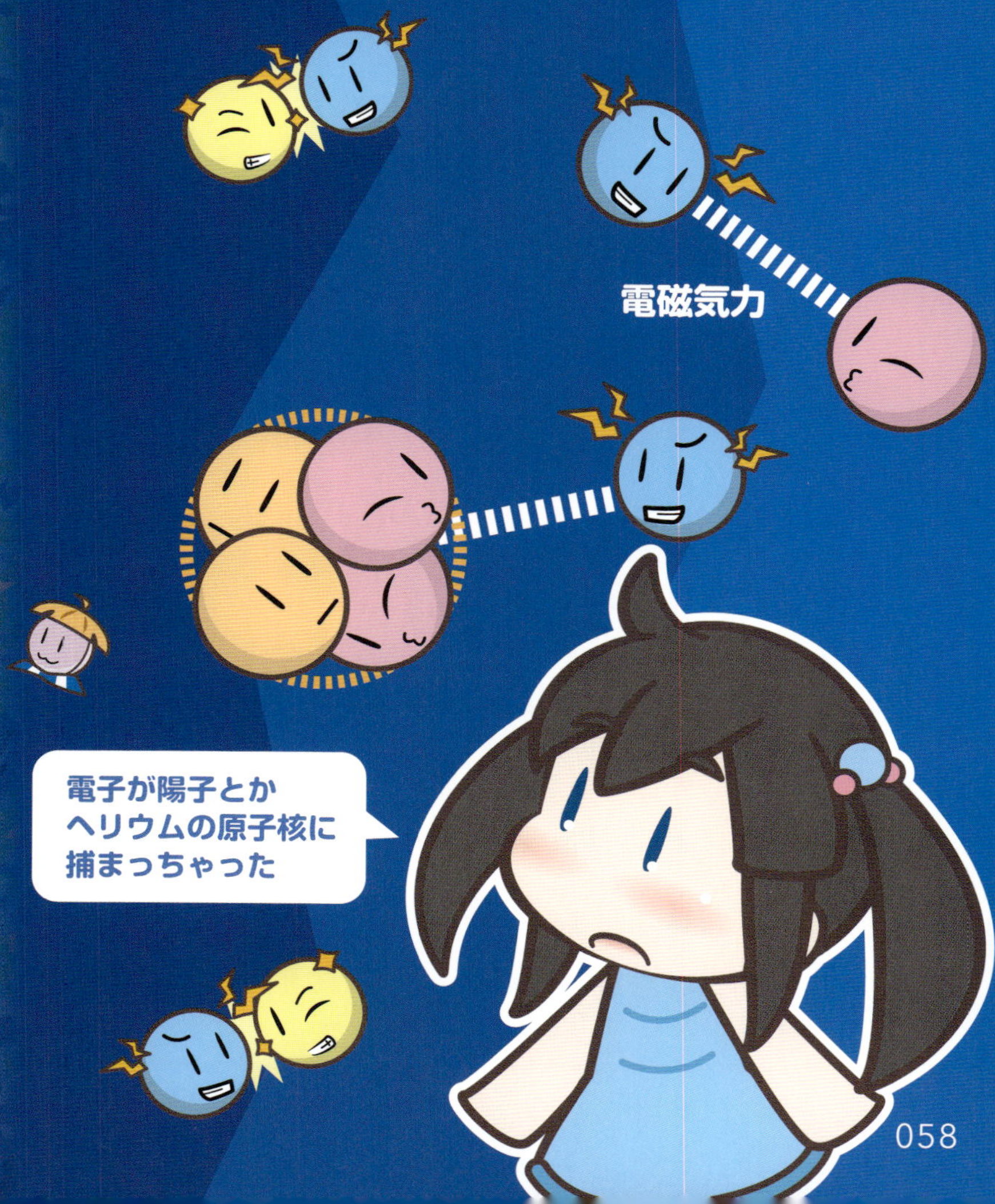
電磁気力
電子が陽子とかヘリウムの原子核に捕まっちゃった

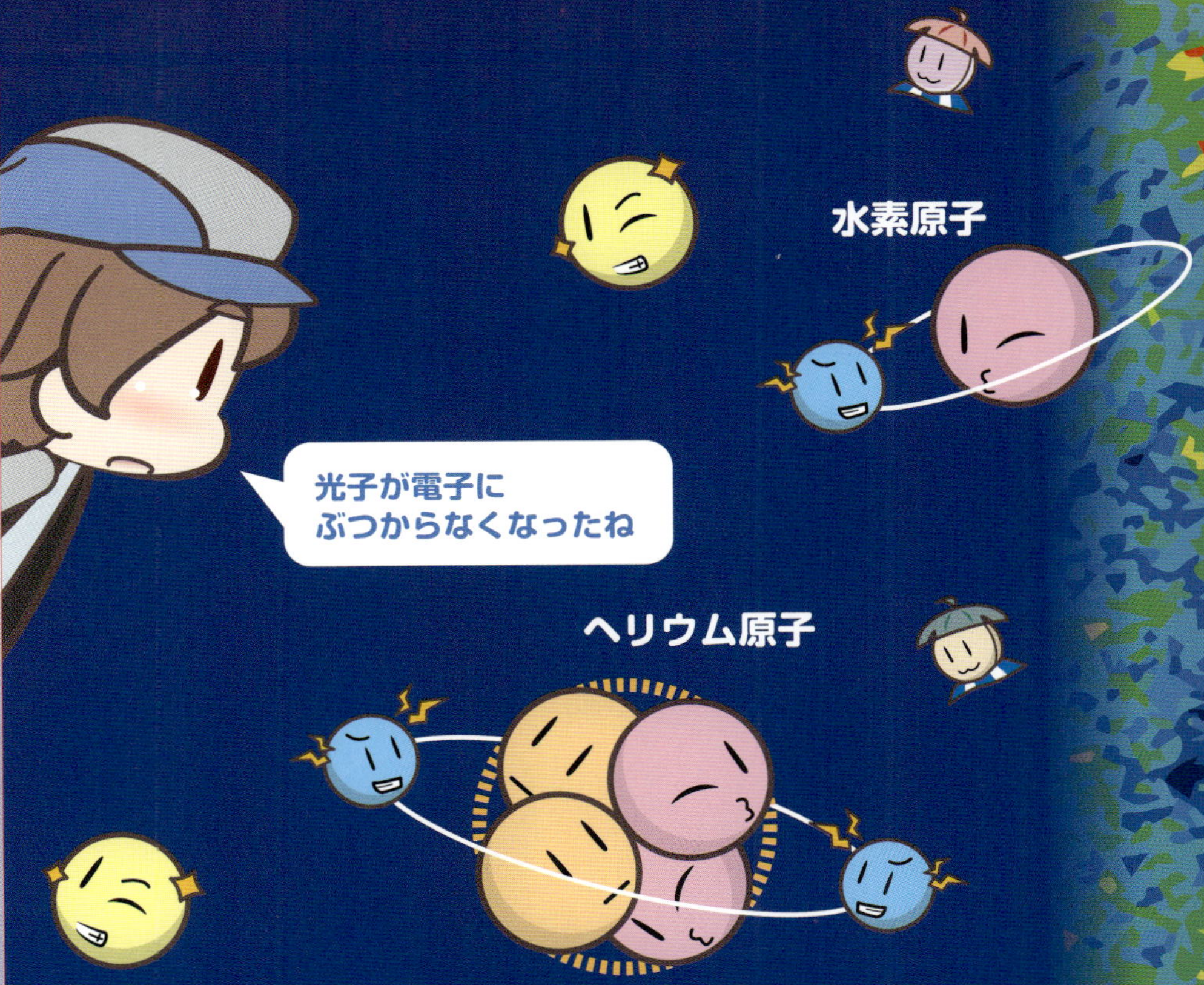

いよいよ原子の誕生！

この宇宙が生まれてから20分後には原子核の合成が終わって穏やかな時代が続き、次の大きなイベントまで一気に時代が飛びます。次の大きなイベントは宇宙が生まれて38万年後。宇宙の温度が約３０００度と常識的な温度になってきた頃、飛び回る電子のエネルギーが下がってきて、電磁気力によってマイナスの電気を持っている電子はプラスの電気を持っている原子核に捕まってしまうようになります。いよいよ原子の誕生です！　これによって宇宙は少しだけ存在する水素やヘリウムなどの単純な原子と、光子やニュートリノが自由に飛び回るだけの世界になりました。

電子が消えて宇宙が晴れ上がる

私たちがものを見るのに使っているのが光、つまり光子です。ビッグバンの頃に光子が大量に作られたのですが、光子と同様に電子がたくさん飛び回っていたため、光子は電子にぶつかり邪魔されてしまい、まっすぐ自由に飛ぶことができませんでした。ところが宇宙が生まれて38万年後、光子の邪魔をしていた電子が原子核に捕まったおかげで、光子はまっすぐ自由に動き回ることができるようになります。つまり、光で宇宙が見通せるようになったわけです。そのような意味を込めて、原子が作られたこのタイミングのことを宇宙の晴れ上がりと呼んでいます。

宇宙の晴れ上がり以前の光は電子に邪魔されて観測できませんが、晴れ上がりのときの光は観測することができます。この光のことを宇宙マイクロ波背景放射と呼んで、実際に観測が行われています。１３８億年前の光を現代科学の粋を集めた装置で観測していると思うとなかなかロマンティックな気もしてきますね。

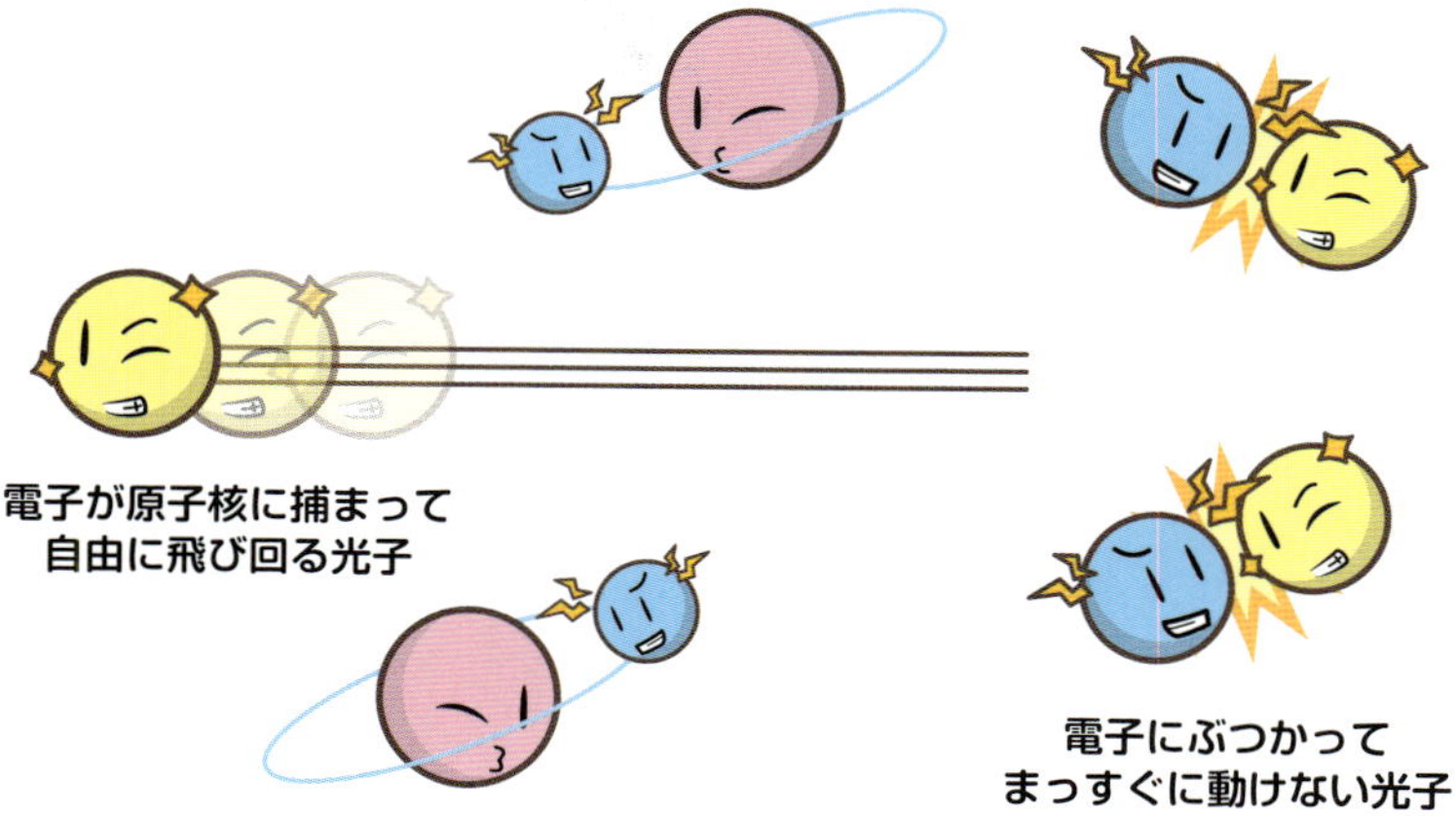
電子が原子核に捕まって
自由に飛び回る光子
電子にぶつかって
まっすぐに動けない光子

宇宙に雨が降っていた？

宇宙の晴れ上がり

電子のせいで見通しの悪かった宇宙がスッキリ見渡せるようになりました。ステキな言葉です。

光で見ることができる宇宙の範囲

光が直進できるようになったこの時代以降の宇宙は、地球から直接光で見ることができます。

暗黒の時代

なにもないまっくらな宇宙

38万年〜数億年

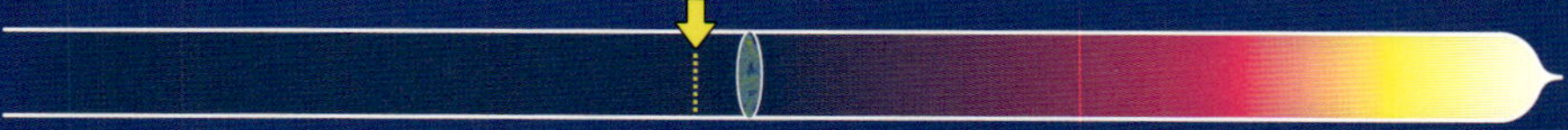

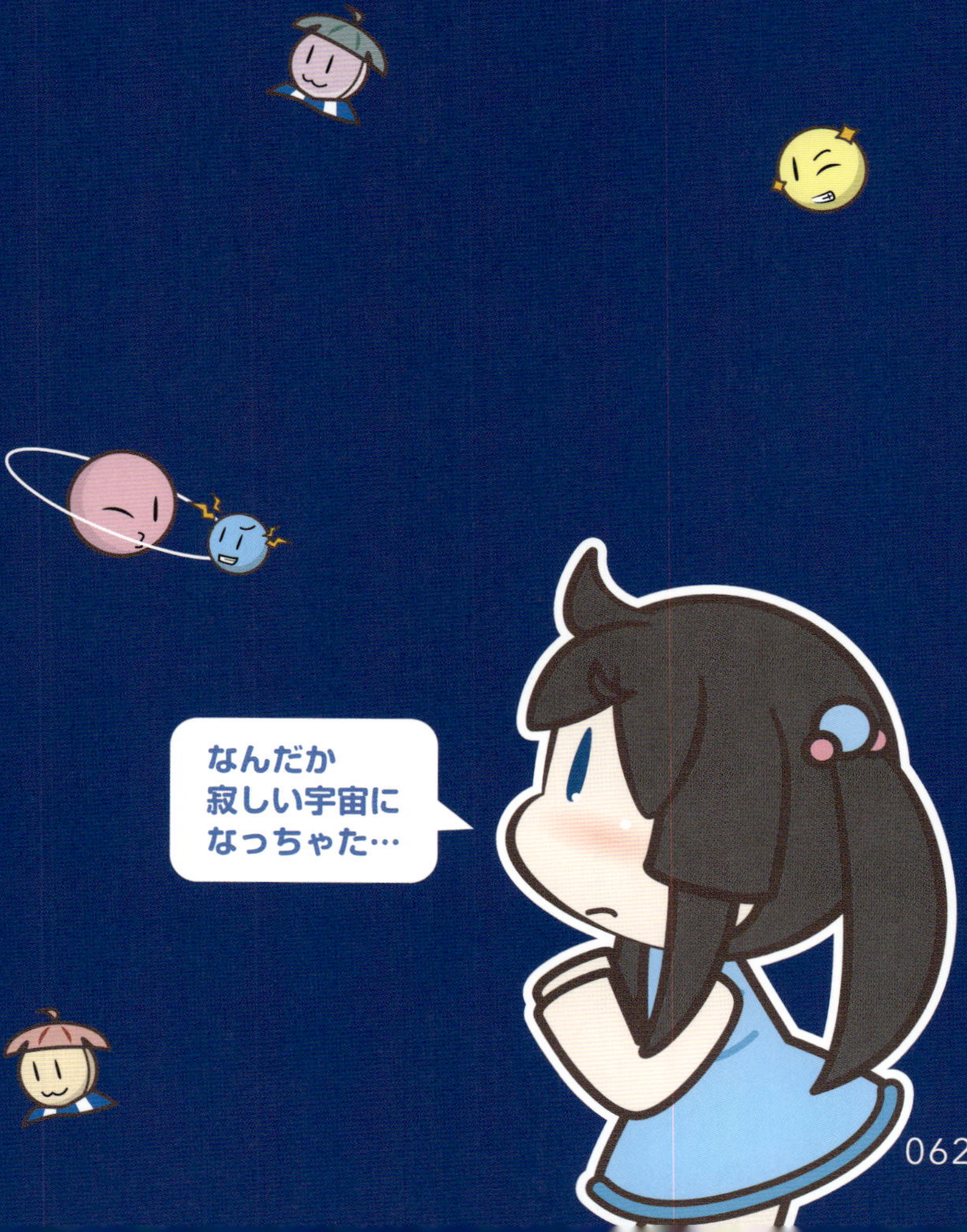
なんだか
寂しい宇宙に
なっちゃた…

晴れ上がって、なにもなくなった

水素原子やヘリウム原子が作られて光がまっすぐ自由に動けるようになった晴れ上がったあとの宇宙、その後どうなったかといえば、どうにもなりませんでした。宇宙にただよう少しの水素原子やヘリウム原子、自由に飛び回る光子とニュートリノ、これだけでは何もできなかったのです。宇宙はただただまっくらな空間でしかなくなってしまいました。このあと重力によって初めの星が光り輝くまで、数億年という長い長い時間を待つことになります。

4つの力の違い

宇宙が晴れ上がってまっくらになってしまったあとの時代で重要になってくるのが、今まであまりお話に出てこなかった重力です。4つの力のうちの弱い力と強い力は近い距離でしか働かないので、粒子がまばらにしか存在しないようなこの時代以降の宇宙では働きません。電磁気力は遠くまで働く力ではあるのですが、プラスかマイナスの電気を持ったものにしか働かないため、原子や光子、ニュートリノがほとんどのこの宇宙ではやはりあまり働いてくれません。そこで働くのが重力です。重力は質量を持っているもの全てに、どんなに距離が離れていても働きます。とても広大な宇宙に、まばらにしか存在しない水素原子やヘリウム原子にもちゃんと働いてくれるのです。ただその力はとても弱いもの。重力によって星が生まれるまでにはとても長い時間が必要となってしまいました。

静かで寂しい宇宙

なにもない
眩しかった宇宙が晴れ上がると、水素原子等がただようだけの真っ暗な宇宙でした。

ニュートリノ
水素原子が重力でゆっくりゆっくり集まるなか、ニュートリノは自由に飛び回っています。

恒星の誕生

重力により宇宙に恒星の明かりが灯る

数億年

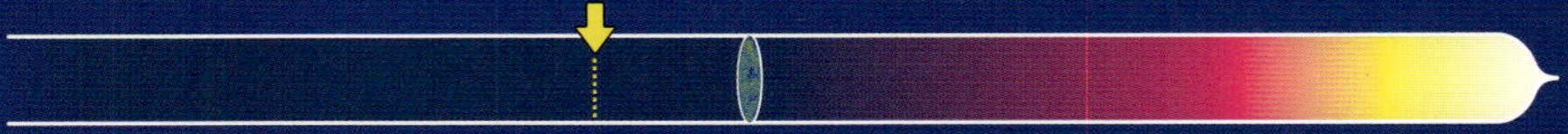

重力で圧縮
光る星
(恒星)
重力で集まったガス
長い時間かけて
集まったガスが
星になった!

恒星の中で
作られた原子が
ばらまかれてる
超新星爆発

重力でガスが集まり、固まり、光る

宇宙の晴れ上がりから数億年という長い時間をかけて、重力によって水素原子やヘリウム原子が集まりガスの固まりになってきます。このガスの固まりが重力でさらに圧縮されてある密度を超えると、いよいよ原子核と原子核が合体する核融合反応をはじめます。恒星の誕生です。恒星がその内部で核融合反応をはじめると、いろいろな原子が作られていきます。いろいろな原子で満たされた星が寿命を迎えると、さらに重い原子を作りながら爆発して宇宙にいろいろな原子をばら撒きます。星が作られて消えていくことで、宇宙はさまざまな原子で満たされることになるのです。

いろいろな原子を作る仕組み

水素原子とヘリウム原子しかないような宇宙で、恒星が別の重い原子を作っていくのですが、その作り方はいくつかあります。まず恒星内部での核融合。水素原子が核融合反応を起こしてヘリウム原子に、水素が尽きればヘリウム原子がさらに重い原子に、と重い原子が作られていきます。恒星内部での核融合で、鉄までの重い元素はおおよそ作ることができます。次に恒星の寿命が尽きる時に起こる超新星爆発。超新星爆発にもいくつか種類があるのですが、例えば太陽の10倍よりも重いような星が燃え続けると星の中心に核融合反応で作られた鉄のコアが最終的に押しつぶされて超新星爆発が起きます。このときに鉄よりもちょっと重いような原子を合成して宇宙にばら撒くのです。この他にも年老いた恒星の中で原子が中性子をたくさん取り込んで重い原子を作り出したり、最近では中性子星と呼ばれる星が合体する時にも金やプラチナのような重い原子が作られることもわかってきました。

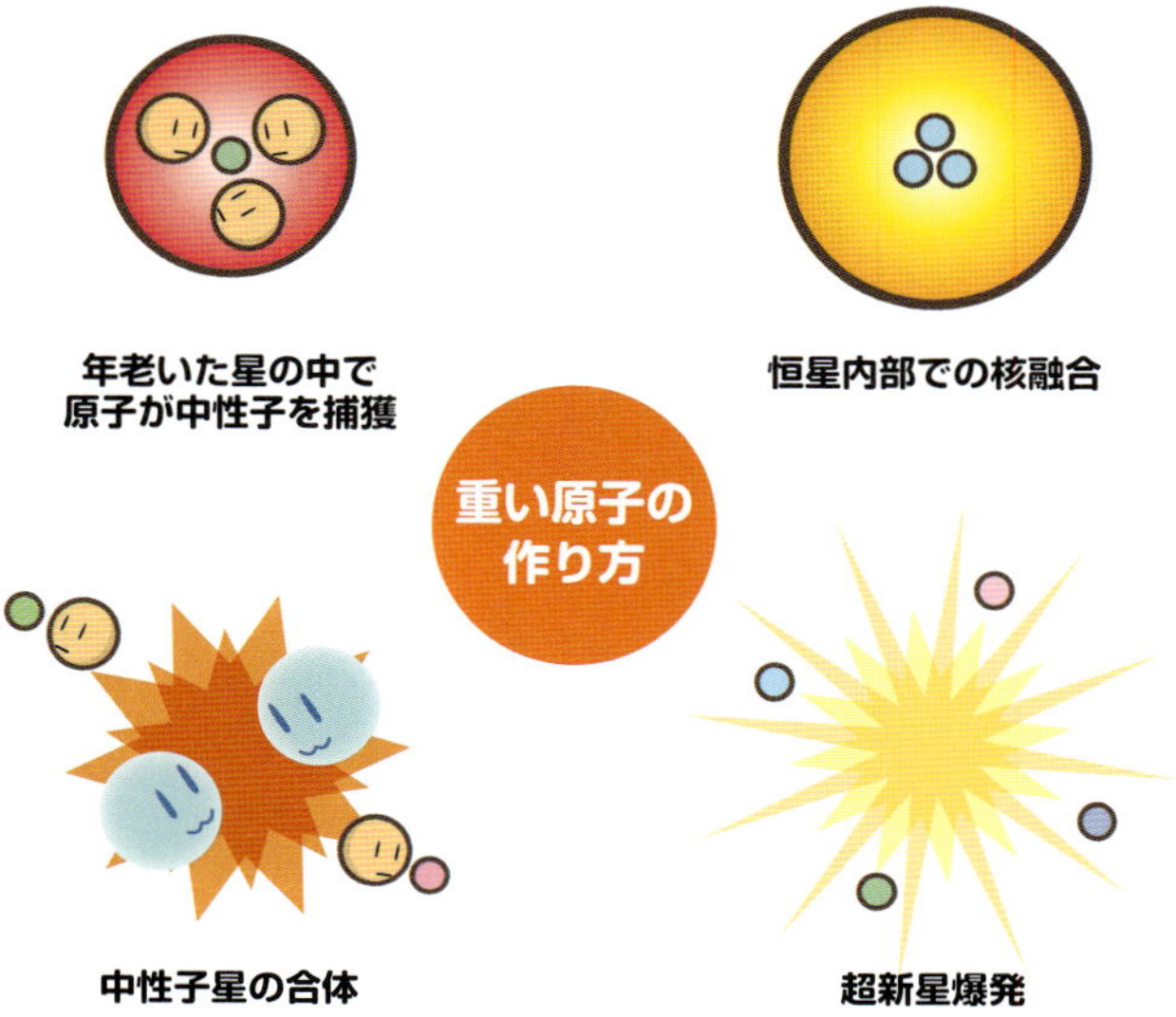
重い原子の作り方
恒星内部での核融合
年老いた星の中で
原子が中性子を捕獲
中性子星の合体
超新星爆発

星が！生まれた！

初めての星
まばらに浮かんでいた水素原子が重力によって星になるまで、数億年もかかってしまいました。

新しい原子
星が作られたことで、たくさんの新しい原子が生まれていきます。私たちの身体のもとにも！

宇宙の再電離

原子が再び、電子と原子核に別れる

数億年

星が増えていくと
宇宙がまた
電離していくね

星が原子を壊す

光り輝く星が重力によって生まれると、その影響で宇宙の様子が大きく変わってきます。星から放出される高いエネルギーの光によって、宇宙に散らばっていた水素原子が水素原子核である陽子と電子に再び別れてしまうのです。宇宙の晴れ上がり以降宇宙に存在するのは中性の物質がほとんどでしたが、再びプラスの電気を持つ陽子とマイナスの電気を持つ電子が宇宙に現れることになります。このことを宇宙の再電離と呼んでいます。「再」電離といっているように、宇宙の晴れ上がりの前の状態に戻ってしまったということもできます。

再電離が広がる宇宙

現在までの宇宙の観測によって、宇宙が生まれて10億年たった頃には宇宙全体が再電離していて、さらにその状態が現在まで続いているということはわかっているのですが、どのように再電離が起こされたのか、実はまだはっきりとはわかっていません。ですがおおよそのストーリーは次のようなものだと考えられています。重力によって集められた原子のかたまりによって宇宙のそこかしこに星が生まれます。その中にはとても高いエネルギーの光を出す星が含まれていて、そのまわりの水素原子から陽子と電子に再電離されていき、宇宙全体に再電離が広がっていったのです。その様子は高いエネルギーの光を出す星を中心としたシャボン玉が宇宙のいろんな場所で生まれて、どんどん膨らんでいき、最終的に宇宙全体を包んでしまうようなイメージでしょうか。

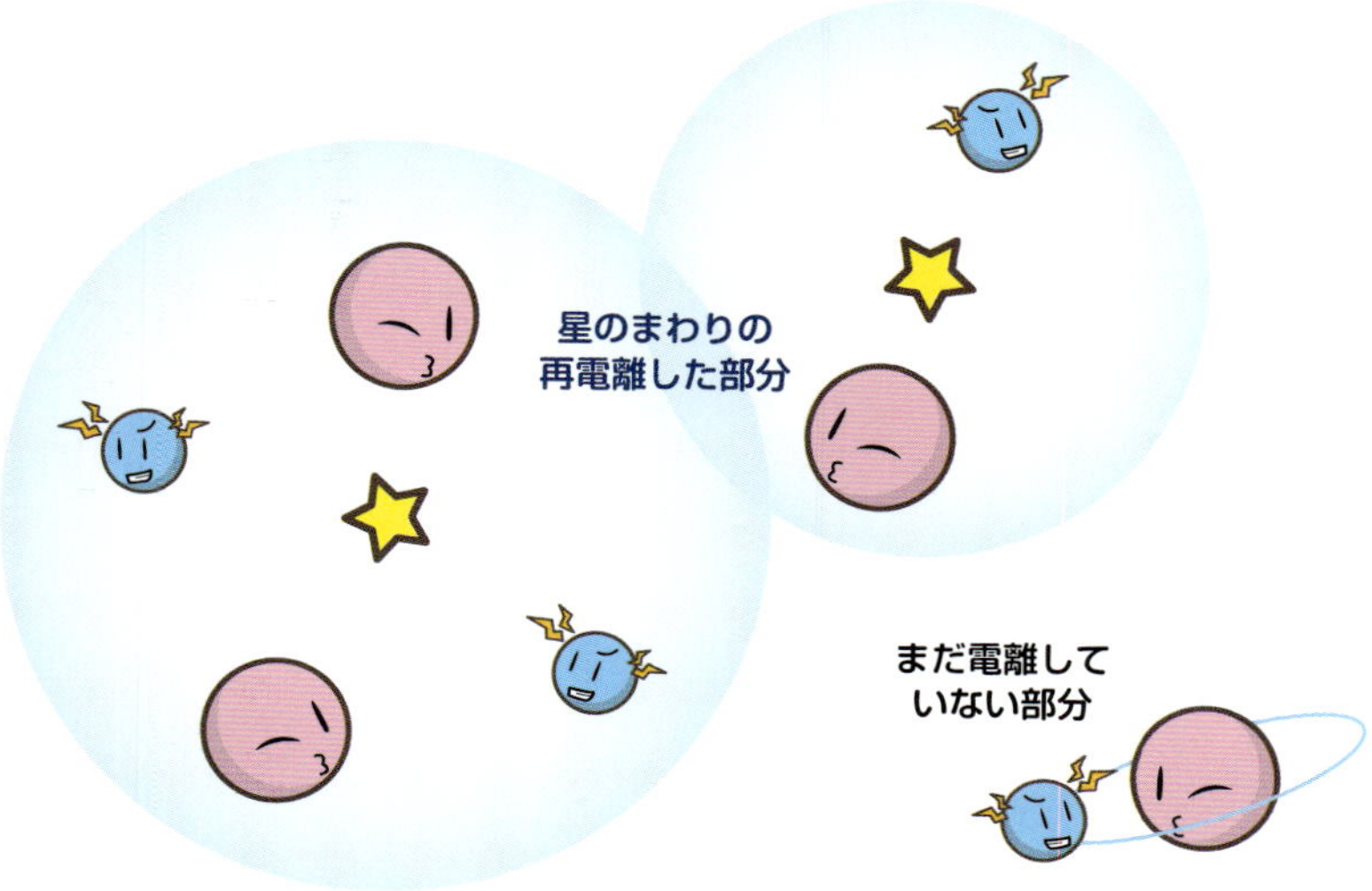
星のまわりの
再電離した部分
まだ電離して
いない部分

作った星に壊される?

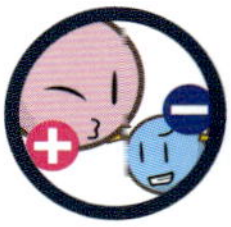

再電離
せっかくくっついた原子核と電子が、星の強い光で再びバラバラになってしまいます。

パズル
関係ないですが、SKちゃん《スーパーカミオカンデ》の内部の写真のパズルが難しくてとっても売れました。

銀河の誕生

ガスの集まりが星に、銀河に、銀河団に

数億年

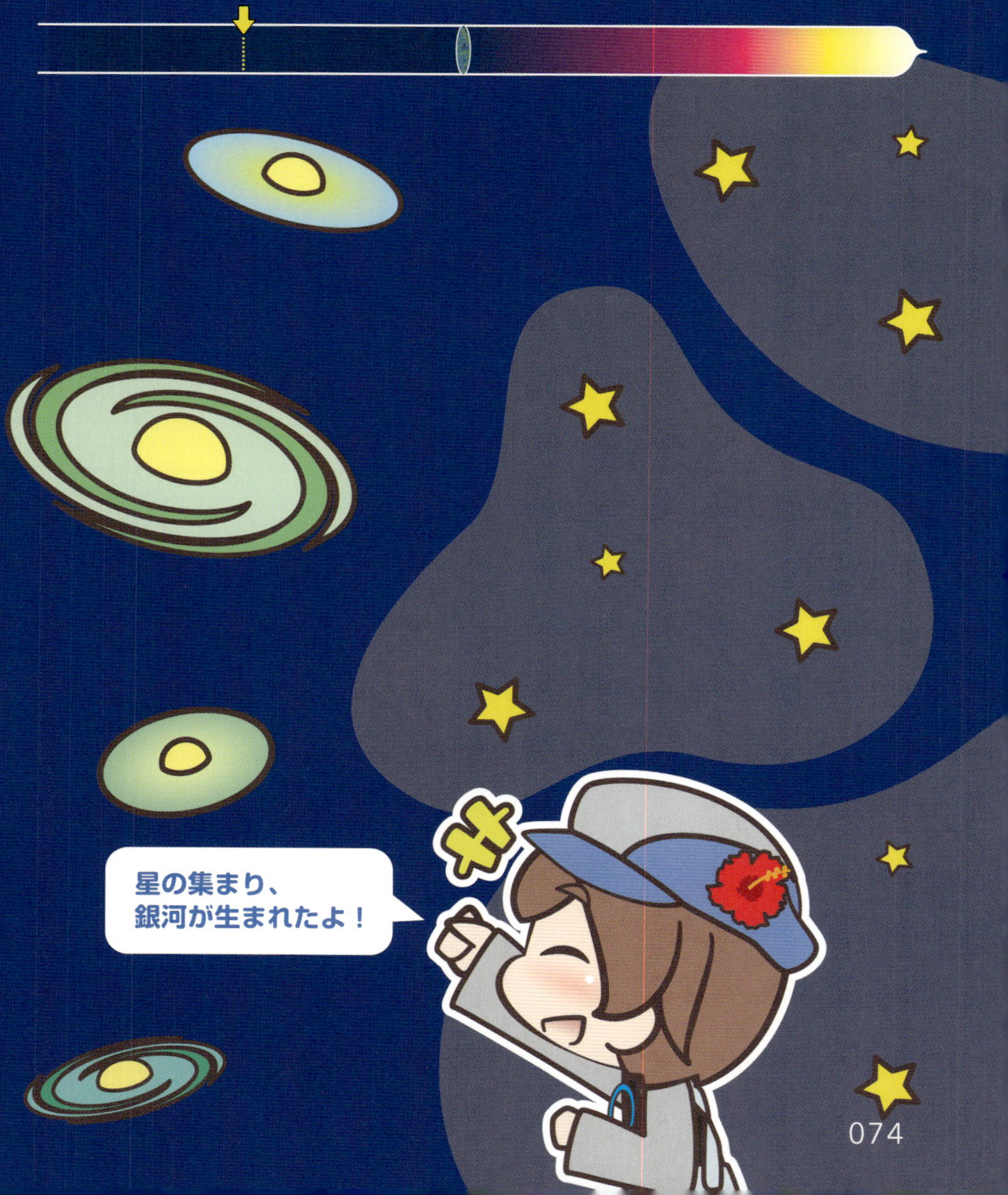
星の集まり、
銀河が生まれたよ！

宇宙の銀河って
網の目みたいな
形をしてるんだね

宇宙は網の目構造

重力によって分子の巨大な雲が作られると、そこで恒星が生まれ、最後にはお互いを重力でひきつけあう星の集まりになります。銀河の誕生です！　さらに大きなスケールでは、銀河の集まりである銀河群、さらに大きな銀河団、さらにさらに大きい超銀河団があるのですが、星ができてから銀河が生まれたのか、分子の巨大な雲の中でたくさん生まれた星が銀河になったのか、まだはっきりわかっていません。また超銀河団は宇宙の大規模構造と呼ばれる網の目のような構造を形作っているのですが、これはインフレーションのときのちょっとしたゆらぎが引き伸ばされた影響ではないかとも言われています。

よくわからないダークマターと銀河

　私たちの地球がある太陽系、その太陽系が含まれる天の川銀河は平べったい円盤のような形でぐるぐる回転をしているのですが、その回転速度を計算しようとすると天の川銀河にある星の重さだけでは上手くいかないということがわかっています。光って見えている星たちの10倍の重さのなにかがないと計算が合いません。計算が間違っていないとすると、これだけの重さの見えない何かが存在することになるのです。この見えない何かのことをダークマター（暗黒物質）と呼んでいます。観測することはできないけど重力を感じることのできる何か、なのです。

　このダークマター、インフレーションのときのゆらぎの影響を受けてできた宇宙の大規模構造の形成にも大きな役割を担っているとも考えられているのですが、それが一体何なのか、現在のところまだわかっていません。

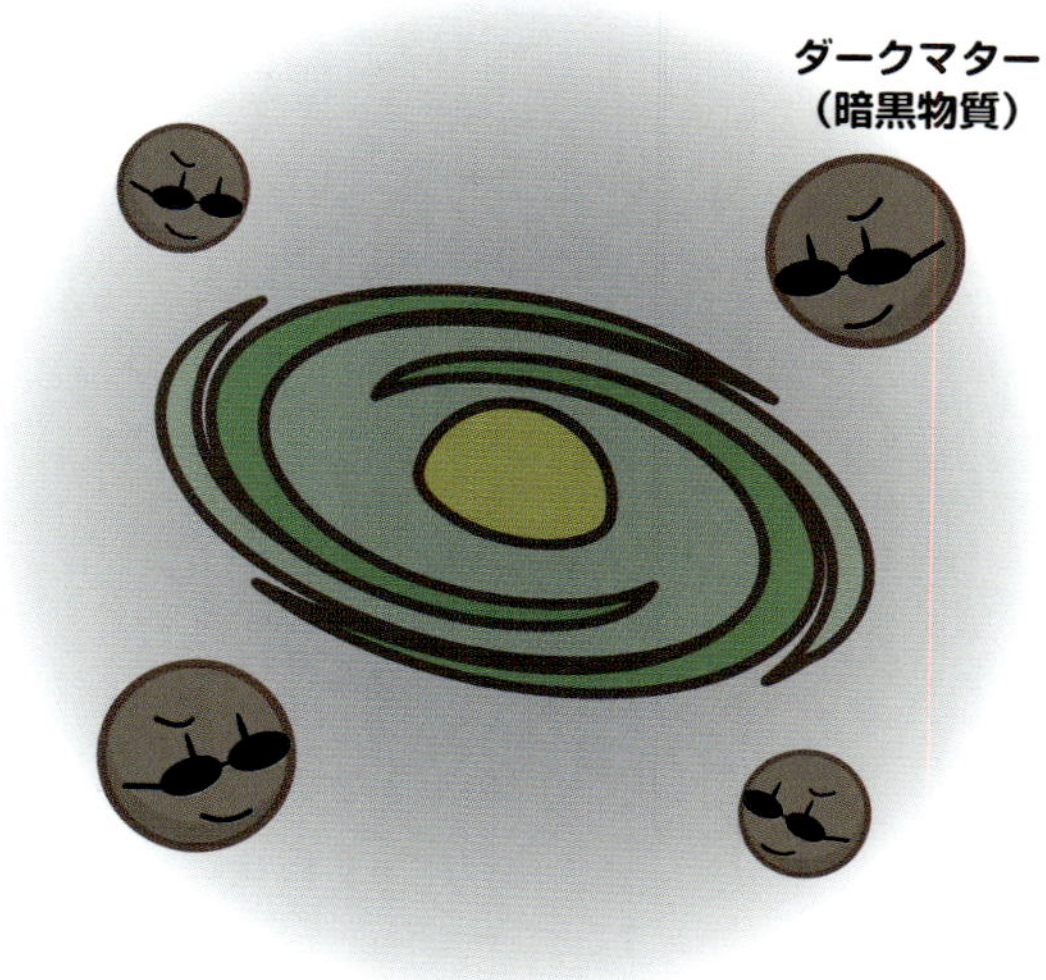

銀河がダークマターに包まれている！

見えない不思議なダークマター

ダークマター
ダークマターのダークは「暗い」ではなく、「見えない、わからない」という意味です。

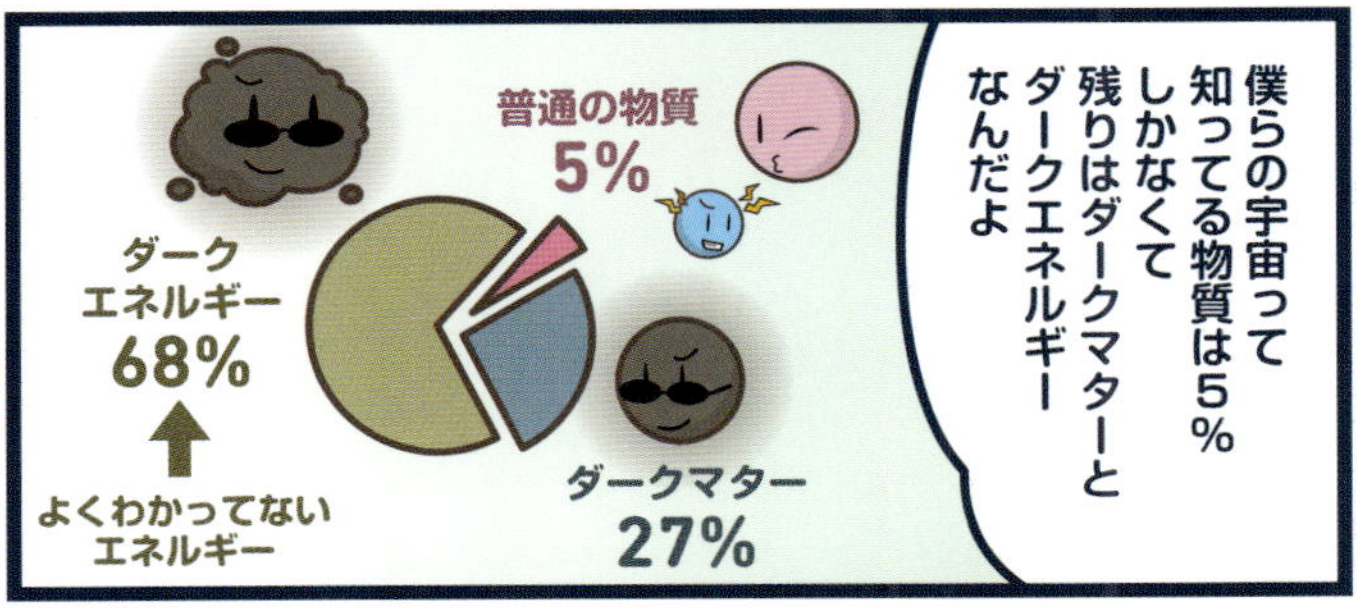

知ってる物質は5%
宇宙の歴史でたくさん出てきた、ハドロンやレプトンのような物質です。

原始惑星系円盤と地球

恒星の周りに惑星ができて、地球ができる

～138億年

原始惑星系円盤
の進化
恒星のまわりの
ガスの雲が
惑星たちになった！

138億年かかって
やっと現代まで
戻ってきたよ〜

ガスの円盤から地球ができる

重力によって分子のガスが集まって恒星が作られるのですが、そのときにその恒星を中心としたガスの円盤を形成することがあります。この円盤のことを原始惑星系円盤と呼び、実はこのガスの円盤が光っている恒星の周りを回っている光らない星、地球のような惑星のタネとなっているのです。恒星の周りのガス円盤の中で静電気（電磁気力）によってちいさなかたまりを作り、かたまりどうしが重力によって集まって惑星のもとになる原始惑星を作り、最終的に地球のような岩石でできた惑星や木星のようなガスをまとった惑星になると考えられています。

宇宙とダークエネルギー

こうやってようやく地球が誕生したわけですが、宇宙にはまだまだわかっていないことはたくさんあります。その1つがダークエネルギーというもの。宇宙にある質量のあるすべての物質には、それぞれ重力が働きます。そうすると、そのまま放っておいたら宇宙にあるすべての質量のある物質が1点に集まってしまうことになる気がしませんか？ しかし実際にはそのようなことにはなっていません。かの有名なアインシュタイン博士も、宇宙が潰れてしまわないように宇宙を膨張させる力が働いていると仮定しました。実際の観測結果からも宇宙が膨らんでいることはわかっているのですが、なぜ膨らんでいるのかはわかっていません。この宇宙を膨らませているよくわからない力のことを、ダークエネルギーと呼んでいるのです。宇宙全体のエネルギーのうちの68％はこのダークエネルギーと考えられているのですが、私たちはその意味すらまだ理解できていません。

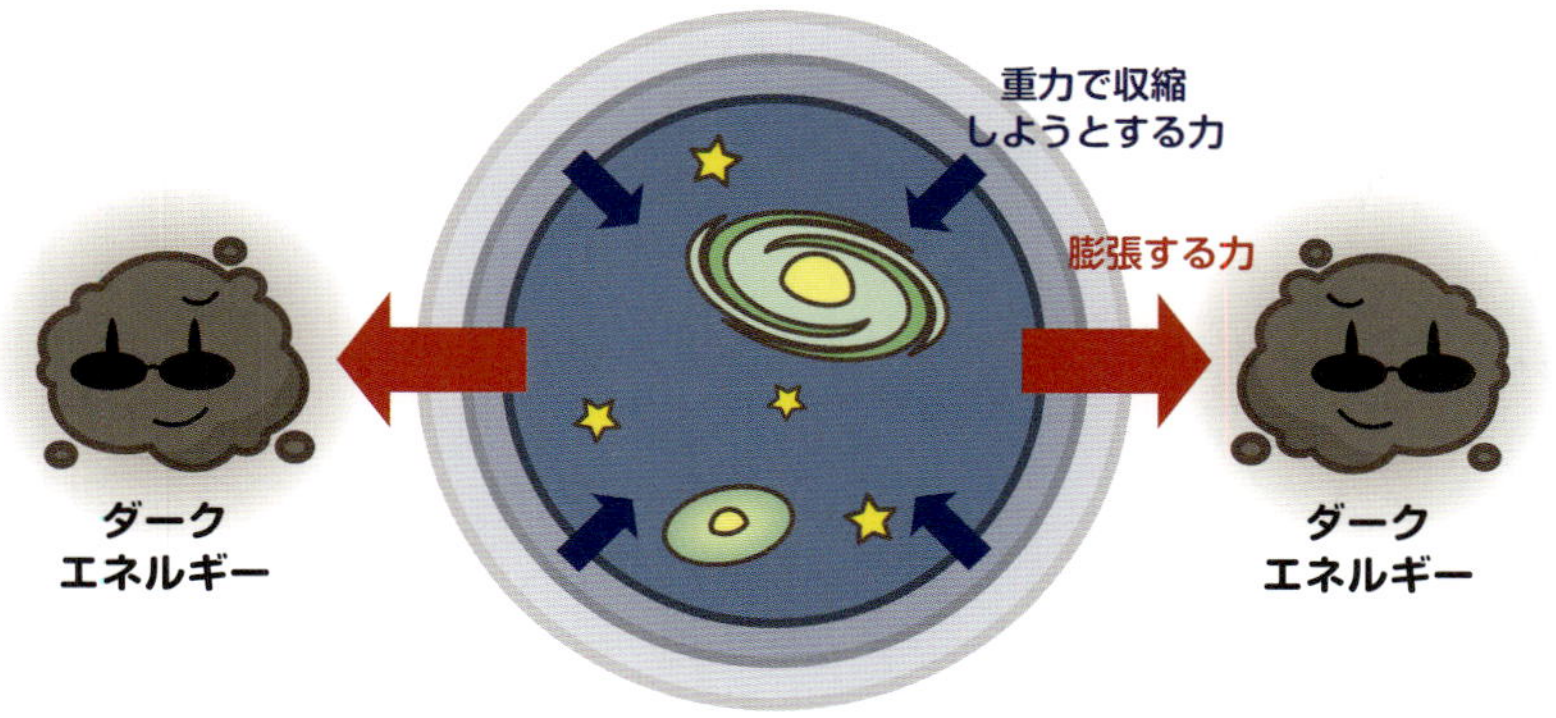

宇宙が広がっている証拠？

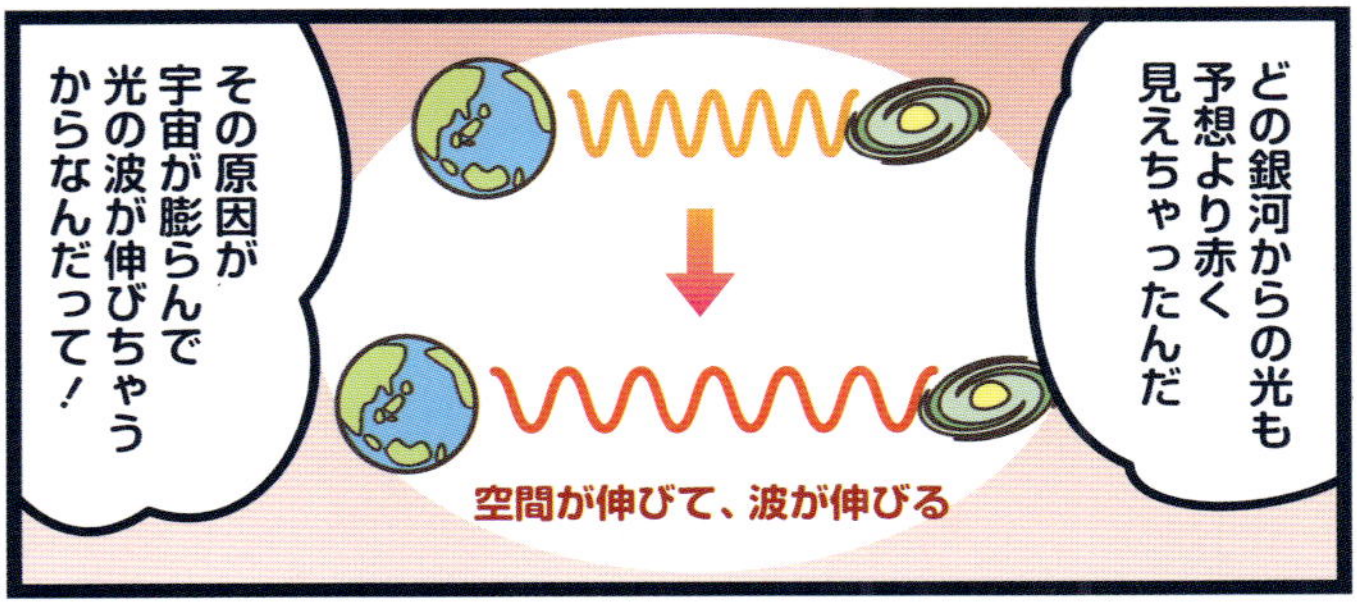

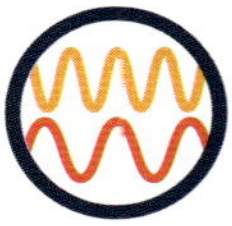

赤くなる光

遠くにある銀河ほど、赤く見える傾向にあります。これが宇宙が膨らんでいる証拠！

ドップラー効果

光や音のような波は、出すひとと受け取るひとが動いていると、波長が変わって見えてしまいます。

マルチバース

新しい宇宙の考え方

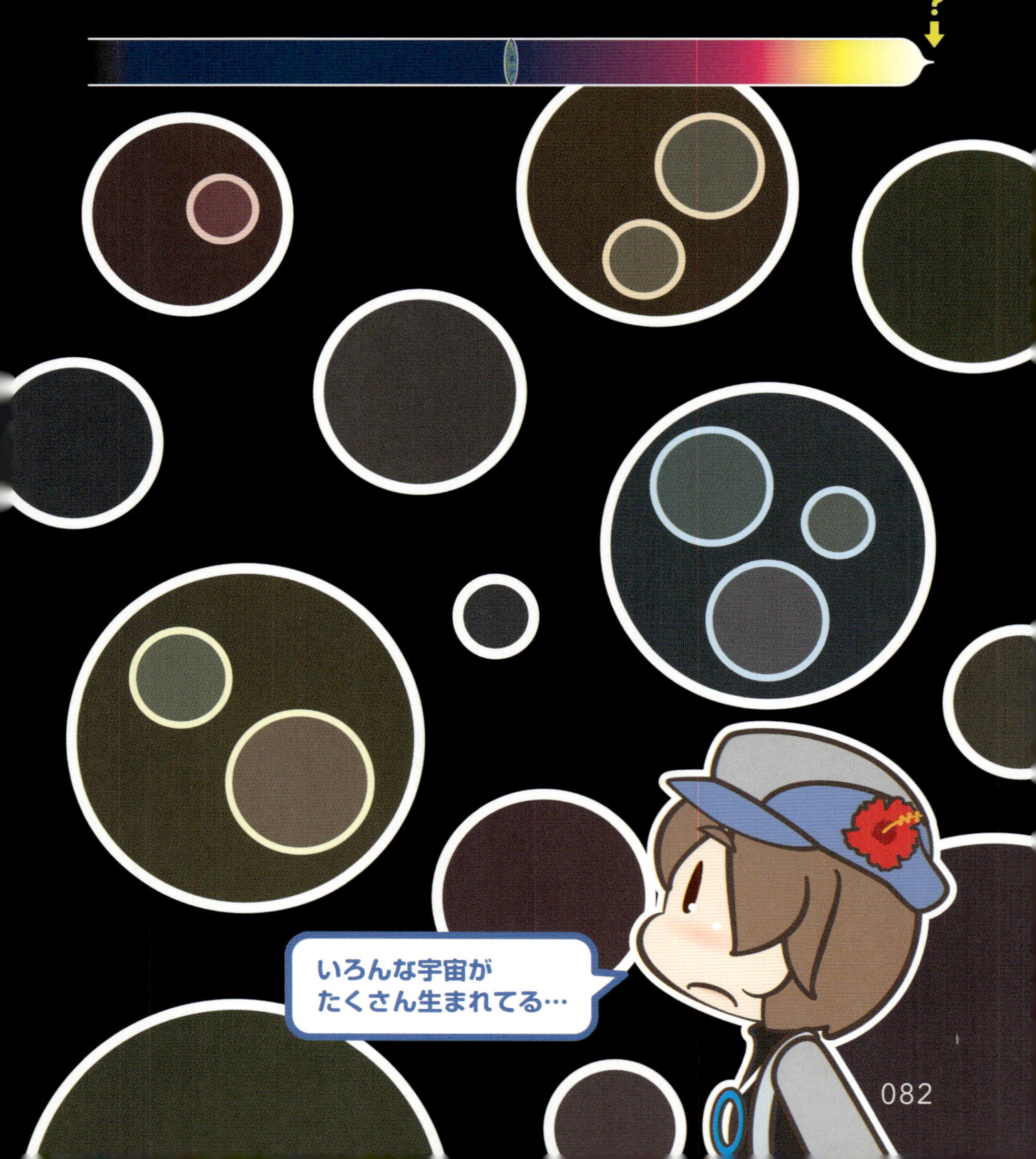
?
いろんな宇宙が
たくさん生まれてる…

素粒子の数とか種類も
宇宙ごとに違ってる？

私たちの宇宙はたくさんの泡の中の1つ

最近の研究では「マルチバース」という新しい考え方が提唱されています。私たちの宇宙は泡のようなもので、別の宇宙が起こしている永久的なインフレーションの中で生まれたたくさんの泡の中の1つだというのです。たくさんの膨らむ泡（宇宙）が生まれると泡どうしがぶつかってしまいそうですが、元となっている宇宙が光の速さよりもさらに速く膨らんでいるため、泡は独立して存在することができます。この独立した泡の1つひとつが素粒子の種類や次元の数が違うまったく様子の異なる別の宇宙を形成していて、その泡の1つがちょうどよく私たちが生きることのできるこの宇宙になったと考えられているのです。

光速の壁の向こう側は存在しない？

マルチバースを考えるにあたって重要なことの1つに、光速の壁の問題があります。すべての物事は光速（光の速さ）よりも速く伝わることはできないので、私たちの認識できる領域には限界があり、この光速の壁のことを事象の地平線と呼んでいます。宇宙に存在する私たちにとって、事象の地平線の内側と外側では大きな違いがあるわけです。その事象の地平線の外側、光速の壁の向こう側にある私たちが認識することのできない領域は「私たちとは無関係に存在する」ように思えます。ですがマルチバースを考えるにあたっては、私たちに認識できない領域は「私たちには存在しない」とする必要があるかもしれないというのです。これはブラックホール情報パラドックスと呼ばれる一般相対論と量子力学における問題を解決するアプローチの1つです。観測する人によって宇宙の在り方が変わってしまうという考え方、今はモヤモヤしてしまうかもしれませんが、いずれ普通の考え方になるのかもしれません。

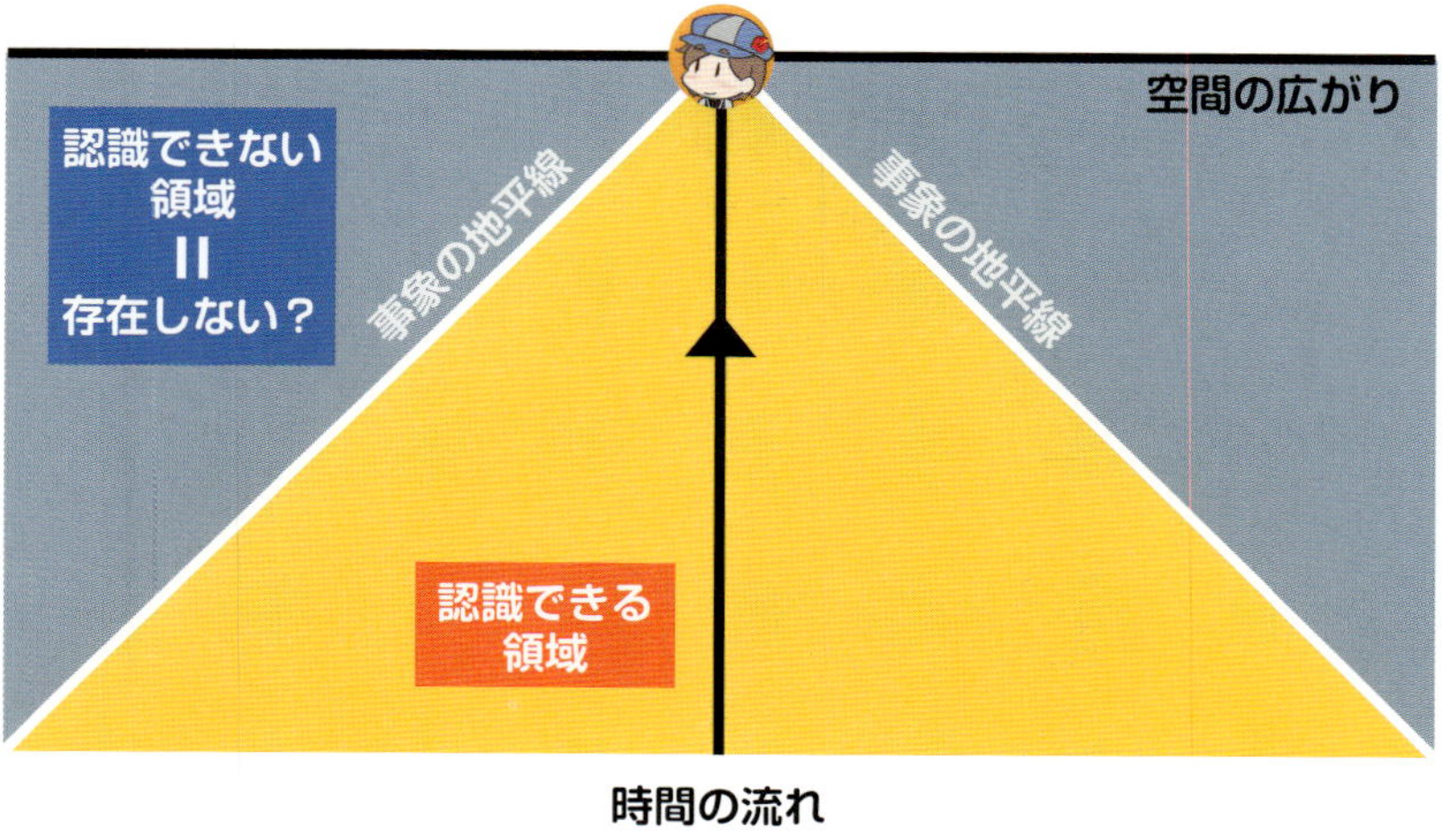

たくさんの泡、たくさんの宇宙

ある確率で存在したかもしれない別の宇宙

量子力学の解釈の1つとして、多世界解釈というマルチバースに似た考え方があります。

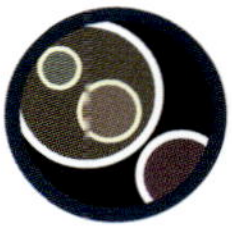

未完成な推論

直接観測で証明するのは難しいですが、間接的に、事実を積み重ねて検証することは可能です。

Column

ダークマターとダークエネルギー

宇宙がどうやって作られたか、どうやって終わるのかを決めるもの

ダークマターとダークエネルギー、日本語で言うところの暗黒物質と暗黒エネルギー。先にも書いたとおり、この「ダーク」という言葉は「よくわからない」という意味ですので、ダークマターはよくわかっていない物質、ダークエネルギーはよくわかっていないエネルギーということです。

まずは宇宙の27%を占めるダークマター、先に書いたように「観測することはできないけれど重力を感じることができるなにか」です。その正体はどんな物質なのか、大きいものでは光で見ることのできない燃え尽きた星やブラックホール、小さいものではニュートリノなども以前は候補に挙がっていました。現在、ニュートラリーノと呼ばれる未発見の素粒子が本命と見られていて、いろいろな実験でその検出を試みています。

そして宇宙の68%を占めるダークエネルギーはもっと不思議。宇宙を収縮させようとする重力に対抗して、宇宙を膨張させるために「なぜか」働いているものということしかわかっていませんが、物質のない空間（一般的に真空と呼ばれるもの）に満ちているエネルギー、真空のエネルギーではないかと考えられています。この真空のエネルギーの面白いところは、空間そのものにエネルギーが満ちているために、宇宙が大きくなるにしたがって真空のエネルギーも大きくなっていくところ。宇宙が小さかった過去に比べて、宇宙が大きくなった現在、さらに宇宙が大きくなる未来の真空のエネルギーは大きくなっていきます。真空のエネルギーの持つこの性質は、宇宙の行く末を大きく左右してしまうのです。

ダークマターはこの宇宙の大規模構造を作り上げ、ダークエネルギーはこの宇宙の行く末を決める。宇宙の誕生と終末に迫るために、ダークマターとダークエネルギーの正体を探ることはとても大事なことなのです。

宇宙が大きくなると、物質の密度は小さくなるけれど
真空のエネルギーの合計は大きくなる

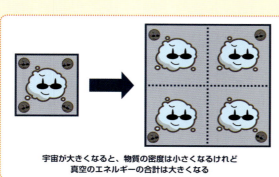

第2部

宇宙を振り返って見るステキな施設

ここまでで簡単に宇宙の歴史を振り返って見てきましたが、こんなに目まぐるしく変化した宇宙の歴史を人類はどのようにして知ることができたのでしょうか。宇宙を振り返って見るために大活躍した施設をいくつか見てみましょう。

遠くを見るということは、過去を見るということ

観測にともなう時間差

8分前の太陽を見てみよう！

鏡の前の自分の姿も、空に眩しい太陽も、遠くに輝く星たちも、私たちは基本的に光を使って見ています。光はとんでもなく速いスピードで飛んでいきそうなイメージがありますが、決して無限の速さではなく、1秒に30万kmという有限の速さを持っています。ですので、光を使ってものを見る時には必ず時間差が生じてしまいます。例えば太陽で生まれた光が地球に届くまでにおおよそ8分かかるので、私たちが見た太陽の光は8分前の太陽の光ということになります。これが遠くのものであればあるほど、この時間差は大きくなっていきます。遠くの宇宙を見るということは、昔の宇宙を見ることになるのです。

光で見ることができる限界

光の速さが有限であるためにリアルタイムにものを見ることができないのですが、これは光に限ったことではありません。この世界では、光よりも速く物質や情報は移動できないということになっています。光ではなく、例えばニュートリノや重力波を使って宇宙を見ても、この光の速さの壁を破ることはできません。つまりどのような手段を用いて遠くを見たとしても、同じ時間の様子を知ることはできず、その昔の様子を見ることになるのです。

遠くを見ることが過去を見ることだとすると、私たちが見る宇宙の果てというものは、その手段で見ることができる最も古い宇宙ということになります。例えば光を使って見ることができる宇宙の果ては、光が自由に動けるようになった138億年前の宇宙の晴れ上がりの様子です。膨張し続ける宇宙の中で光が138億年かけて進んだ距離のむこうに、光で見ることができる宇宙の果てがあるのです。

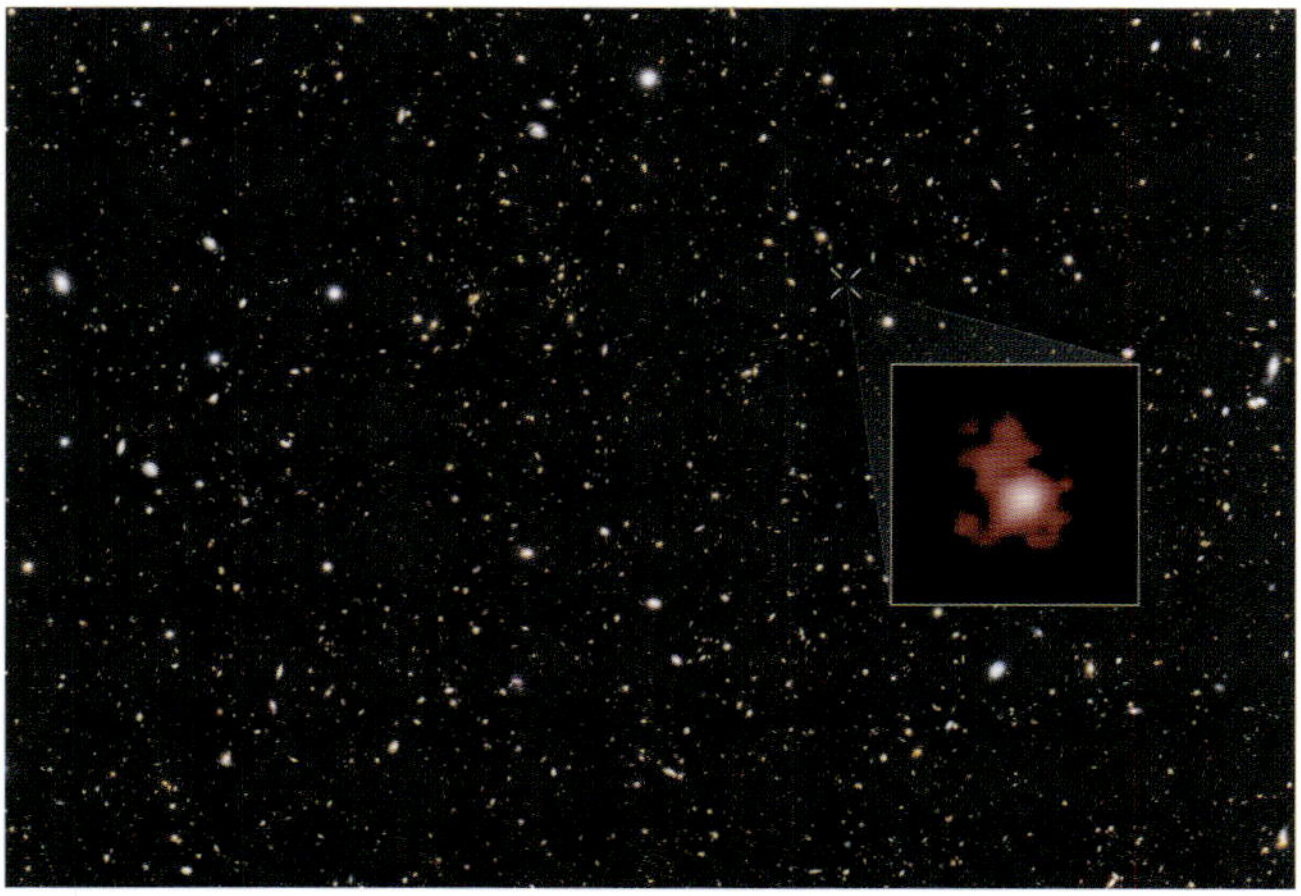

ハッブル宇宙望遠鏡が捉えた134億年前の銀河GN-z11。
画像提供：NASA, ESA, P. Oesch (Yale University) , G. Brammer (STScI) , P. van Dokkum(Yale University), and G. Illingworth(University of California, Santa Cruz)

時を共有することはできません

光は有限の速さ
光だけでなく、この世界のすべてのものは有限の速さで、光より速く動くことはできません。

君と僕は同じ時間を生きている
ほとんど誤差の範囲で同じ時間に生きている、っていうのもそれはそれでいいと思います。

Hubble Space Telescope ハッブル宇宙望遠鏡

宇宙から可視光で宇宙を眺める

見てるもの ｜ 光（近赤外〜可視光〜紫外）

スペースシャトルから修理してもらった経験あり

DATA

所属機関	NASA（アメリカ航空宇宙局）とESA（欧州宇宙機関）
所在地	地表から550kmの宇宙空間
歴　史	1990年4月24日 打ち上げ
備　考	宇宙空間で観測を行っている2.4mの主鏡の現役の望遠鏡

地球を飛び出して宇宙を飛び回っているハッブル宇宙望遠鏡。開いているフタのような部分から宇宙を眺めています。
画像提供：NASA

地球を飛び出して、宇宙を見る！

まず紹介させていただくのが地球の大気を飛び出て宇宙を眺める望遠鏡、ハッブル宇宙望遠鏡です。ハッブル宇宙望遠鏡はアメリカのNASAが1990年4月24日にスペースシャトルを使って打ち上げた長さ約13m、奥行き約4mの円筒形をした宇宙望遠鏡で、地表から550kmのところを95分で地球を一周するような速さで現在も飛び回っています。直径2・4mの鏡を備えていて、それを使って近赤外から可視光、紫外の光を集め、宇宙を眺めています。地球の上からの観測ではどうしても邪魔になる大気の影響を受けないのが大きな利点となっていて、人間の目の100億倍の感度で宇宙を見ることができるのです。

宇宙の年齢、推定してみました！

1990年に打ち上げられてから2019年現在もなお宇宙を眺め続けているハッブル宇宙望遠鏡、とてもたくさんの星や銀河を観測してきました。そのキレイな画像の数々だけでもすごい成果なのですが、現在の私たちの宇宙論の元になっている成果もたくさんあるのです。

その1つが宇宙の膨張と年齢についてです。第1部で説明したとおり宇宙は現在も膨らみ続けていて、宇宙が膨らむ速さを初めて測定したのが約100年前のエドウィン・ハッブルでした。ハッブル宇宙望遠鏡の名前の元となった人ですね。この膨らむ速さの目安となる数のことをハッブル定数と呼んでいるのですが、その精密測定を初めて行ったのがこのハッブル宇宙望遠鏡です。そして現在では宇宙の年齢は約138億年と推定されています。

また銀河を取り巻くダークマターの存在も、ハッブル望遠鏡が重力レンズ効果を利用して明らかにしています。すごい！

ハッブル宇宙望遠鏡が観測したNGC 7331、地球から約1200万光年の位置にあります。
画像提供：ESA/Hubble & NASA/D. Milisavljevic（Purdue University）

先輩の大事なコレクション

ハッブル先輩（Hubble Space Telescope）
地表から550キロ上空の宇宙空間 在住。1990年から宇宙を観測し続けています。

130万回以上の観測データ
2017年時点で、130万回以上の観測で42000個以上の天体を見ているそうです。

Subaru Telescope すばる望遠鏡

ハワイの山の上から光で宇宙を眺める

見てるもの　光（赤外～可視光）

ダークエネルギー
ダークマター
PFS
HSC

DATA

所属機関	NAOJ（国立天文台）
所在地	アメリカ、ハワイのマウナケア山頂
歴史	1999年1月試験観測開始
備考	標高4200mのマウナケア山頂にある主鏡8.2mの望遠鏡

マウナケア山の山頂に設置されているすばる望遠鏡のドーム。内部に青色の望遠鏡のフレームが見えています。
画像提供：国立天文台

ハワイの山の上から、宇宙を見る！

太平洋に浮かぶハワイ諸島、そのハワイ島マウナケア山頂の標高4200mで宇宙観測を行っているのが日本の国立天文台が誇る大型望遠鏡、すばる望遠鏡です。高さ43m、直径40mのドームの中に、高さ22mの望遠鏡が備えられています。この望遠鏡には8・2mにもなる大きな鏡（主鏡）が設置されていて、その凸凹は0・012マイクロメートル以下！ピッカピカに磨かれています。この精密かつ巨大な主鏡を使って宇宙からの微かな光を集め、様々な技術を駆使してシャープなイメージを組み上げて、すばる望遠鏡は観測を行っているのです。

ダークマターの地図を作ろう！

星や銀河の観測でたくさんの成果を上げているすばる望遠鏡ですが、宇宙の歴史に迫る観測も行っています。その1つが国立天文台と東京大学などが共同で行っているSuMIRe（すみれ）プロジェクトです。このSuMIReプロジェクトは現在でもよくわかっていないダークマター、そしてダークエネルギーの謎を解き明かそうとするもので、そのキモとなるのが宇宙を見るための超広視野主焦点カメラ Hyper Suprime-Cam（HSC）と、観測した光を詳しく分析するための超広視野分光器 Prime Focus Spectrograph（PFS）の2つの装置です。この装置を使って遠方の銀河の分布を正確に調べることで、ダークマターの分布図を作るのです。さらに宇宙が加速して膨張している原因と考えられているダークエネルギーについて詳しく調べることができると考えられています。

超広視野主焦点カメラ Hyper Suprime-Camで撮影された1200万光年の距離にある渦巻銀河M81。
画像提供：国立天文台/HSC Project

すばるくんの新装備

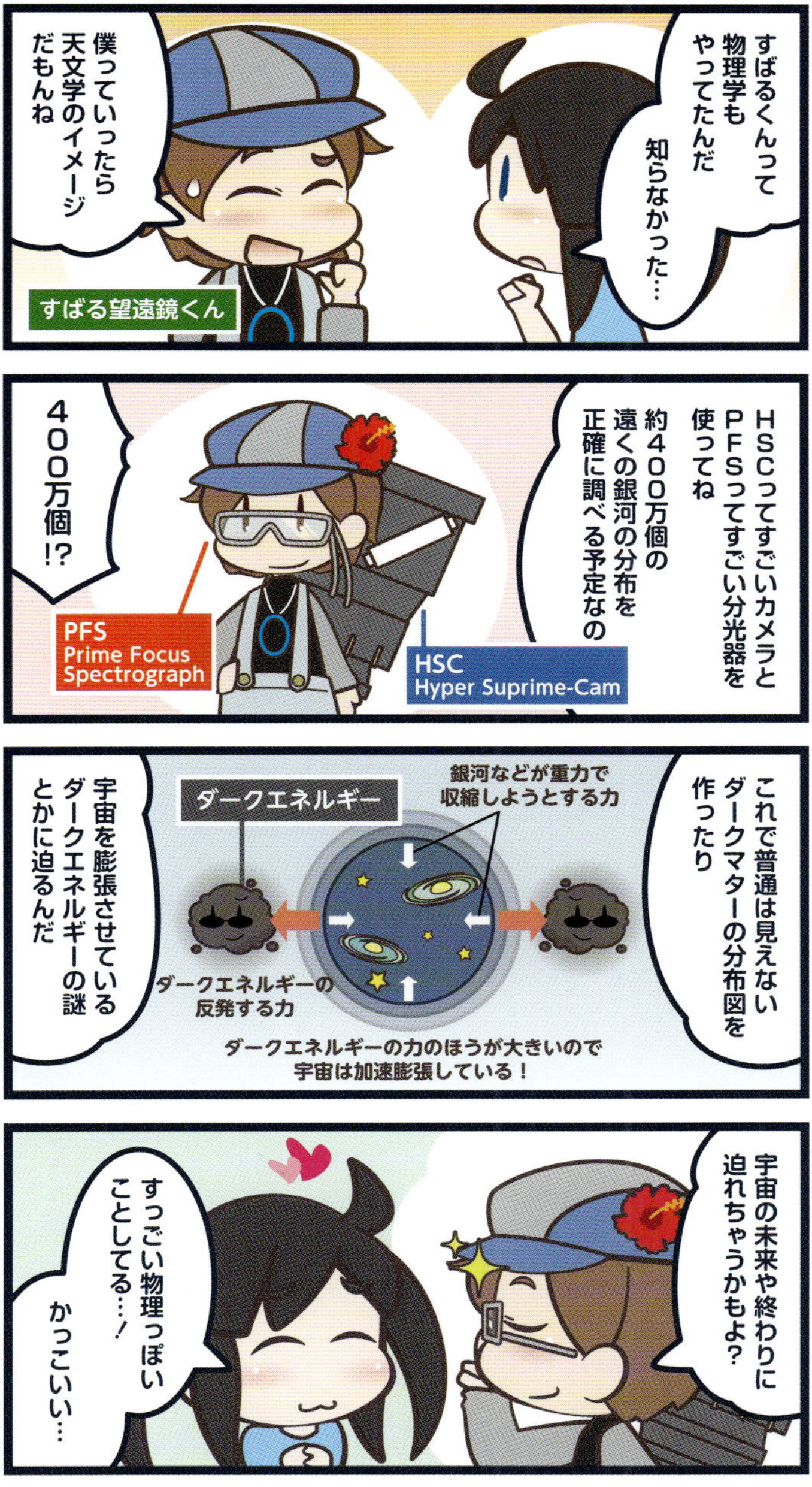

すばる望遠鏡くん
アメリカのハワイ島、マウナケア山の山頂に在住。標高4205mから遠くの星々を眺めています。

ダークエネルギー
ダークマターと同じく、よくわからないエネルギー。これのせいで宇宙が膨らみ続けています。

ALMA（Atacama Large Millimeter/submillimeter Array）

アルマ望遠鏡（アタカマ大型ミリ波サブミリ波干渉計）

アタカマ砂漠から電波で宇宙を眺める

見てるもの　光（電波）

DATA

所属機関	ESO（欧州南天天文台）、NRAO（米国国立電波天文台）、NAOJ（国立天文台）が協力して運用
所在地	チリ、アタカマ砂漠
歴史	2011年9月科学観測開始
備考	直径16kmに66台のアンテナを配置して運用する巨大電波望遠鏡

アタカマ砂漠とアルマ望遠鏡のアンテナ群。
画像提供：ALMA(ESO/NAOJ/NRAO)/O. Dessibourg

チリの砂漠から、電波で宇宙を見る！

南米チリ北部、アタカマ砂漠の標高5000mの高原に並ぶ66台のアンテナ群。このたくさんのアンテナで宇宙からの微かな電波を捕まえて観測を行うのが、アタカマ大型ミリ波サブミリ波干渉計ことアルマ望遠鏡です。12mのパラボラアンテナ54台と7mのパラボラアンテナ12台の計66台を組み合わせて、1台の巨大な電波望遠鏡として運用しています。その解像度はすばる望遠鏡の約10倍、人間に例えると「視力6000」に相当していて、星や惑星の材料となるチリやガス、生命の材料になるかもしれない物質から出てくる微かな電波を見ることができるのです。

電波で見えた原始惑星系円盤

アルマ望遠鏡で科学観測が開始されてからまだ10年も経っていませんが、すでにたくさんのステキな成果をあげています。そのうちの1つが原始惑星系円盤の中で惑星が形成されている様子を見たというものです。アルマ望遠鏡では惑星の材料となる小さなチリやガスから出てくる電波を詳しく観測することで、恒星の周りで惑星が作られていく様子を見ることができるのです。下のアルマ望遠鏡が観測した画像を見ると、原始惑星系円盤に同心円状のすきまができています。これがまさに惑星形成の現場だと考えられているのです。

また酸素からでてくる電波を捉えることで、ハッブル望遠鏡によって見えていた銀河が約132億8000万光年の距離にあるということを突き止めるという発見もしています。これはつまり、132億8000万年年前の星からの情報であり、暗黒の時代の後に生まれた銀河における星の誕生を調べる重要な手がかりになると考えられるのです。

アルマ望遠鏡で観測されたおうし座HL星の周囲のチリの円盤。私たちが住む太陽系も、生まれたての頃はこんな姿をしていたかもしれません。
画像提供：ALMA(ESO/NAOJ/NRAO)

アルマ先生と優秀なアンテナたち

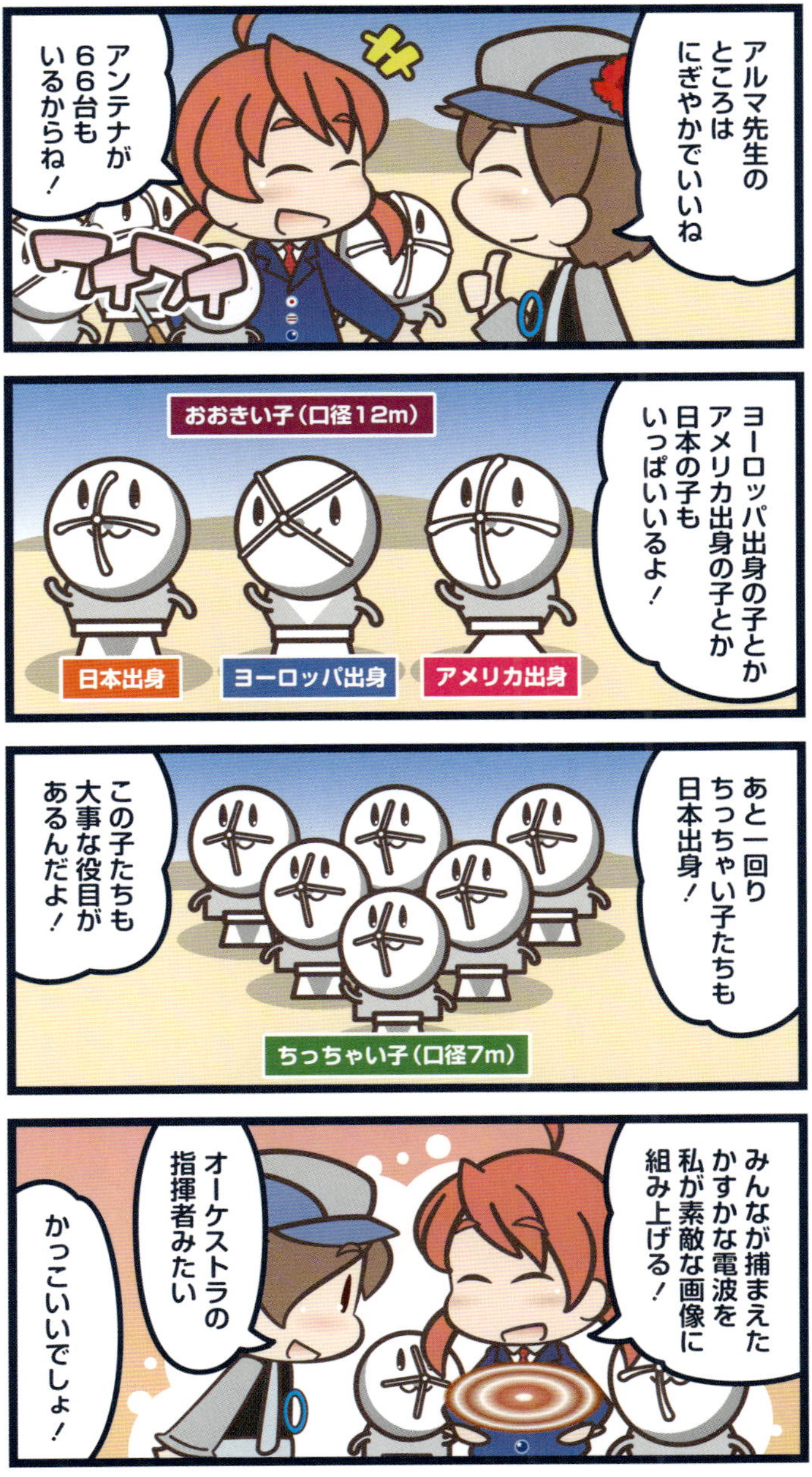

アルマ先生（ALMA）
チリの標高五千メートルのアタカマ砂漠 在住。66台のアンテナで宇宙を電波で見ています。

66台のアンテナ
観測の目的に合わせて、アンテナの位置を最大16キロの範囲まで展開することができます。

CTA《シー ティー エー》（Cherenkov Telescope Array）次世代超高エネルギーガンマ線天文台

北半球と南半球からガンマ線で宇宙を眺める

見てるもの　光（ガンマ線）

DATA

所属機関	国際共同プロジェクト
所在地	チリのアタカマ砂漠とスペインのカナリア諸島を予定
歴　史	2018年10月に初号機が完成、2025年からフル運用を予定
備　考	宇宙からの超高エネルギーガンマ線が地球の大気で生み出すチェレンコフ光を、多数配置した検出器で捕まえる望遠鏡

完成した1号機の写真（上）と、将来の完成予想図（下）。
画像提供：Takeshi Nakamori, Gabriel Pérez Diaz(Instituto de Astrofísica de Canarias)

ガンマ線を使って宇宙を眺める！

今まで紹介してきた望遠鏡は可視光や赤外線、電波などの光を使っていましたが、CTAはとっても高いエネルギーのガンマ線を使って、北半球と南半球の2か所から全天の観測を目指して計画されています。可視光の1兆倍のエネルギーを持つ超高エネルギーのガンマ線を観測して、どこで生まれて地球に飛んできているのか調べようというのです。宇宙で超高エネルギーのガンマ線が生まれるさまざまな現象、例えば銀河の中心にある巨大なブラックホール、星がその一生の最後に起こす超新星爆発の残りカス、ブラックホールのような天体同士の合体、ダークマターの対消滅などを観測し、その謎を解明しようとしています。

電磁シャワーとチェレンコフ光

とっても高いエネルギーの粒子が宇宙から地球の大気に飛び込むと、大気を構成している窒素原子などの原子核と反応して新しくたくさんの粒子を作り、その粒子がさらに粒子を作り、その粒子がさらに…と雪崩のようにたくさんの粒子が生まれて地表に向かって飛んでいきます。この現象のことを空気シャワーと呼んでいるのですが、CTAが観測対象としている超高エネルギーのガンマ線が起こす空気シャワーのことを、特に電磁シャワーと呼んでいます。電磁シャワーでは電子と陽電子とガンマ線が大量に生まれて、このうちの電子と陽電子が大気中を進むときにチェレンコフ光という青い光を微かに放ちます。CTAではこの青い微かな光を、地表にたくさん設置した望遠鏡がいろいろな向きから観測します。その結果から計算することで、超高エネルギーガンマ線が飛んできた方向とエネルギーを知ることができるのです。

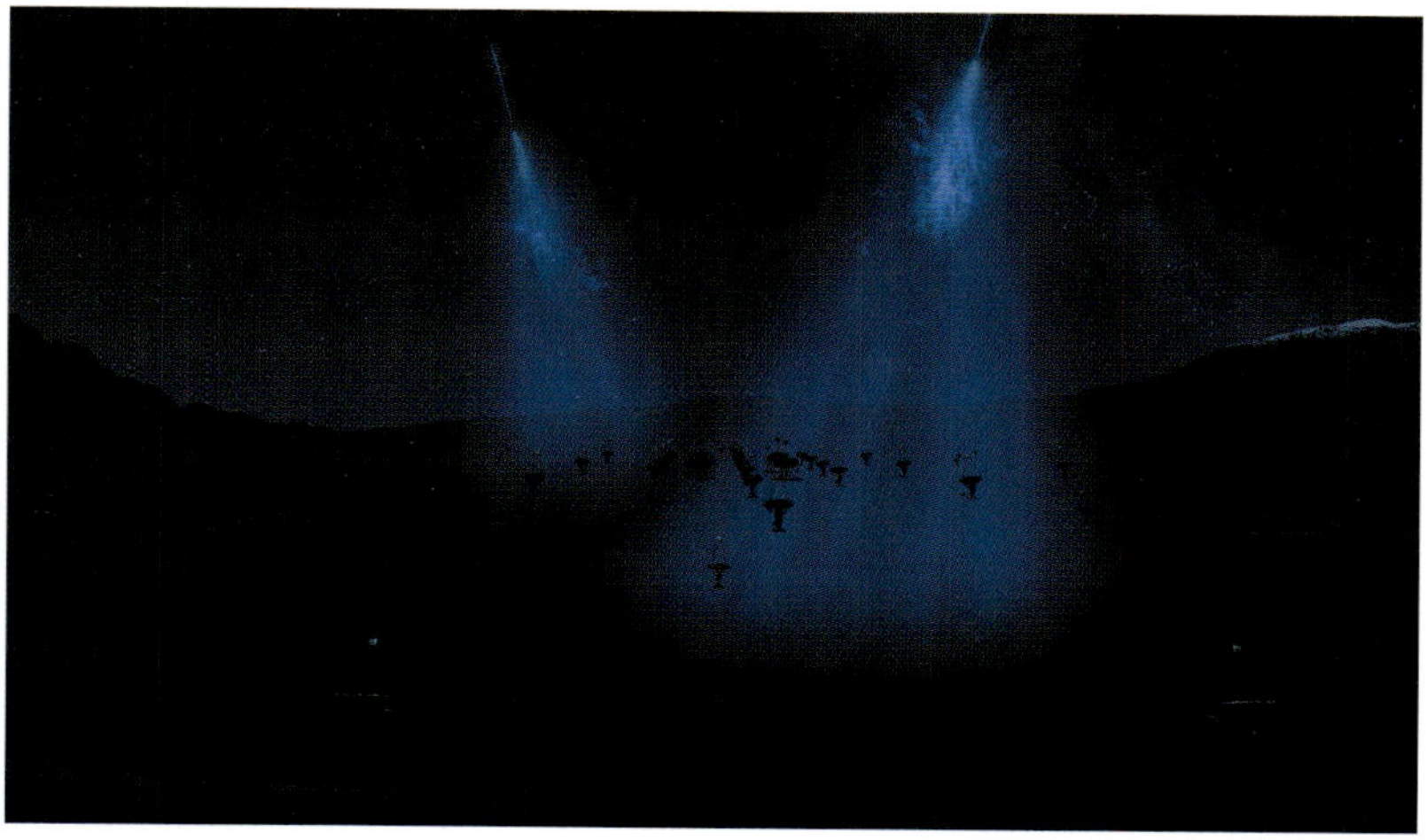

空気シャワーのイメージ。
画像提供：DESY/Milde Science Communication

北からも南からも

CTAのお兄ちゃん(ノースアレイ)
スペインのカナリア諸島の山の上で2つのサイズの望遠鏡で観測しようとしています。

CTAの妹ちゃん(サウスアレイ)
チリの高地、アタカマ砂漠で3つのサイズの望遠鏡を使ってガンマ線観測をする予定です。

WMAP《ダブリュマップ》(Wilkinson Microwave Anisotropy Probe)
ウィルキンソン・マイクロ波異方性探査機

宇宙の果てを眺める

見てるもの　光(電波)

DATA

所属機関	NASA(アメリカ航空宇宙局)
所在地	地球から150万km離れたラグランジュポイント
歴史	2001年6月30日打ち上げ、2010年8月19日最後のデータ回収
備考	ビッグバンからの名残の宇宙マイクロ波背景放射を詳しく調べるための観測機

WMAPとその打ち上げの様子。
画像提供：NASA/WMAP Science Team, NASA/KSC

ビッグバンの名残を見つめる!

今から138億年前に起きたビッグバン、その証拠を直接捉えることはとても困難です。ですが全く無理というわけではありません。その方法の1つとして活躍したのが、このWMAPです。

WMAPが光を使って見つめたのは宇宙の果て。遠くの宇宙を見ることは昔の宇宙を見ることになります。光を使って見ることができる宇宙の果ては、光子が自由に動き回れるようになった宇宙の晴れ上がりのときの様子です。WMAPは宇宙のすべての方向を観測し、どの方向も一様で、だけど少しだけ揺らぎのある宇宙の晴れ上がりのときの様子を見ることに成功しました。

この観測の基礎知識

WMAPが決めた宇宙のパラメータ

ＷＭＡＰが行った宇宙の果ての観測、宇宙が生まれて間もない頃の様子を直接見ることができたというだけでとてもすごい成果なのですが、その成果を分析することで私たちの宇宙の年齢はどれくらいなのか、どれくらいの大きさなのか、知られることとなりました。また私たちの宇宙は電子やクォークなどのよく知っている物質は５％程度しかなく、あとのほとんどはダークマターとダークエネルギーで構成されているということもわかったのです。

そんな大きな成果を上げたＷＭＡＰですが、２０１０年に運用を終了しています。その後を引き継ぐ形でＥＳＡ（欧州宇宙機関）が２００９年にPlanckを打ち上げて２０１３年まで改めて全天の観測を行いました。このPlanckの観測結果によって、宇宙の年齢はそれまで考えられてきた１３７億年から１億年ほど伸びて、１３８億年と考えられるようになったのです。

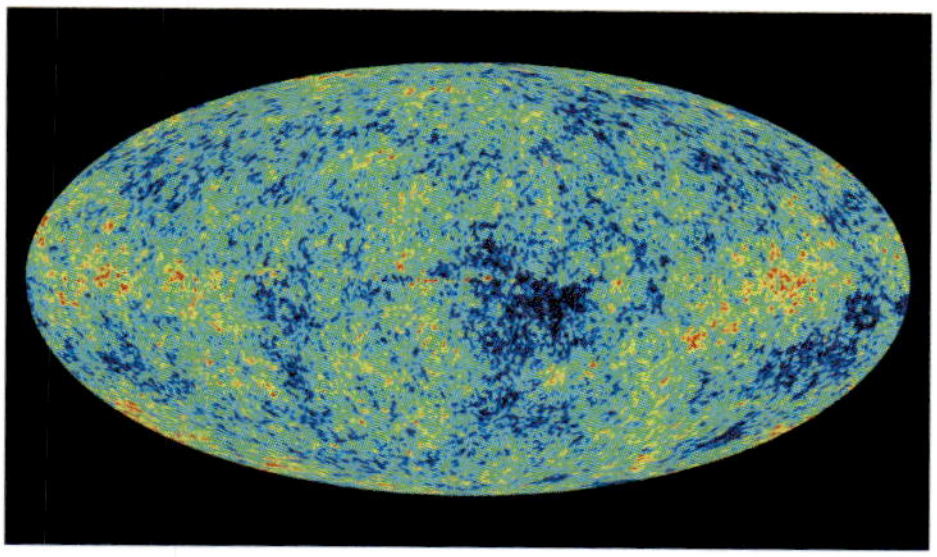

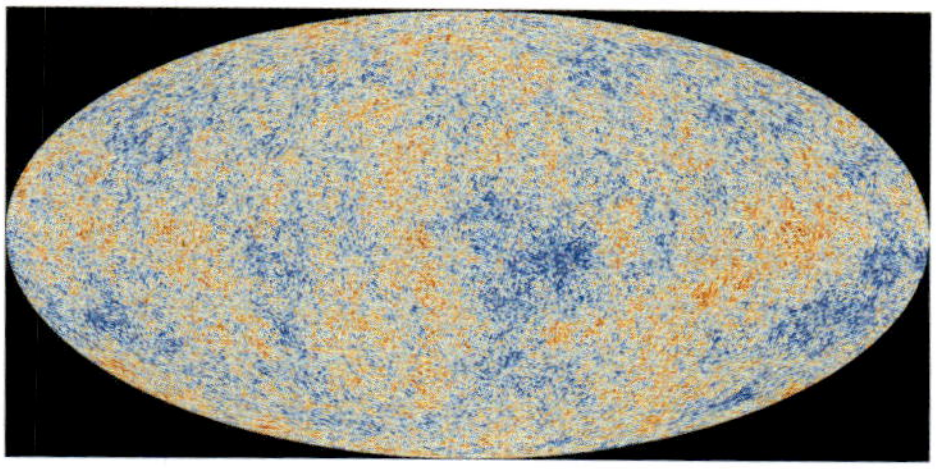

WMAPとPlanckが見た宇宙の果ての温度の分布。
画像提供：NASA, ESA,
Planck Collaboration

光で見ることができる限界

WMAPさん（ダブリュマップ）
地球から150万キロ離れた宇宙空間で、9年間、宇宙の果てを見つめていました。

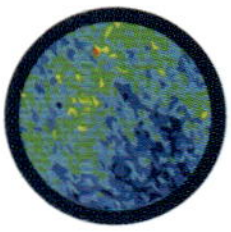

もやもや
宇宙の果ての温度分布にもやもやがあることがさまざまな宇宙の秘密を明らかにしてくれました。

宇宙マイクロ波背景輻射（CMB）偏光観測実験

光を介してインフレーションを見る

見てるもの　光（偏光）

インフレーション時に生まれた原始重力波の痕跡を見る
いろいろな場所で観測する予定

DATA

所在地	チリのアタカマ高地、カナリア諸島テネリフェ島、宇宙など
歴　史	2000年代からさまざまな実験がしのぎを削っている
備　考	宇宙誕生直後に起きたとされているインフレーションの痕跡を見る

宇宙から来る特別な状態の光を観測するための望遠鏡、Simons Array（左）とGroundBIRD（右）。
画像提供　POLARBEAR/Simons Array実験グループ、およびGroundBIRD実験グループ

宇宙の晴れ上がりからインフレーションを見る！

宇宙の歴史でもお話したとおり、光を使って見ることができるのは光が自由に動けるようになった晴れ上がり以降の宇宙で、それ以前の生まれたての宇宙を直接見ることはできません。しかし、インフレーションが起きた時の様子を観測する方法が実はあるのです。インフレーションの際に生成された時間と空間の揺らぎ（原始重力波）は晴れ上がり期の光に影響を及ぼして、特別な痕跡を残します。これを観測することでインフレーションの検証を行うことができるのです。この宇宙の晴れ上がりの状態を詳細に観測することを目的として、いろいろな観測実験がいろいろな場所で計画・実施されています。

インフレーションと原始重力波

宇宙はインフレーションによって、原子核のサイズから太陽系のサイズに一瞬で膨張したと考えられています。ここで量子力学の不確定性原理というものが面白い役割を果たします。これは簡単に説明すれば「ミクロの世界ではいろいろなものがピッタリと定まらない」といった感じでしょうか。ミクロの世界でピッタリと定まらないでわずかに揺らいでいたものが、インフレーションによって思いっきり引き伸ばされて目に見えた偏りになってしまうのです。この揺らぎによって宇宙の物質の分布に偏りが生まれて星や銀河、宇宙の大規模構造に発展するのではないかと考えられています。また、時間と空間の揺らぎは原始重力波として宇宙に存在し、それが宇宙の晴れ上がり期の光に特別な痕跡を残すと考えられ、この痕跡を地表からGroundBIRD／Simons Array／Simons Observatoryといった望遠鏡で、宇宙からはLiteBIRDという観測衛星で見つけようとしています。

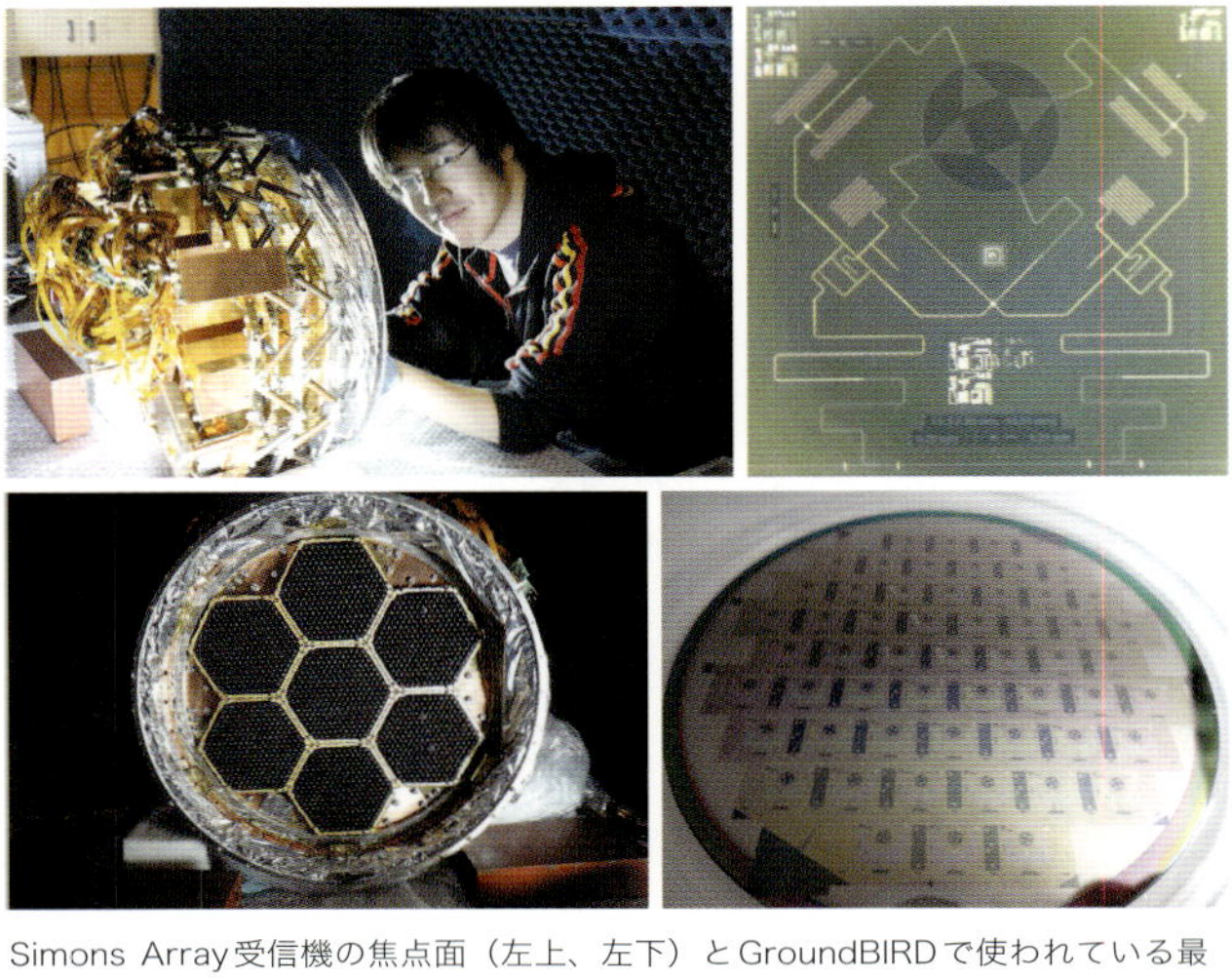

Simons Array受信機の焦点面（左上、左下）とGroundBIRDで使われている最新の超伝導センサーMKID(右上、右下)。
画像提供：GroundBIRD実験グループ、およびPOLARBEAR/Simons Array実験グループ／高エネルギー加速器研究機構広報室

ぐるぐるする光?

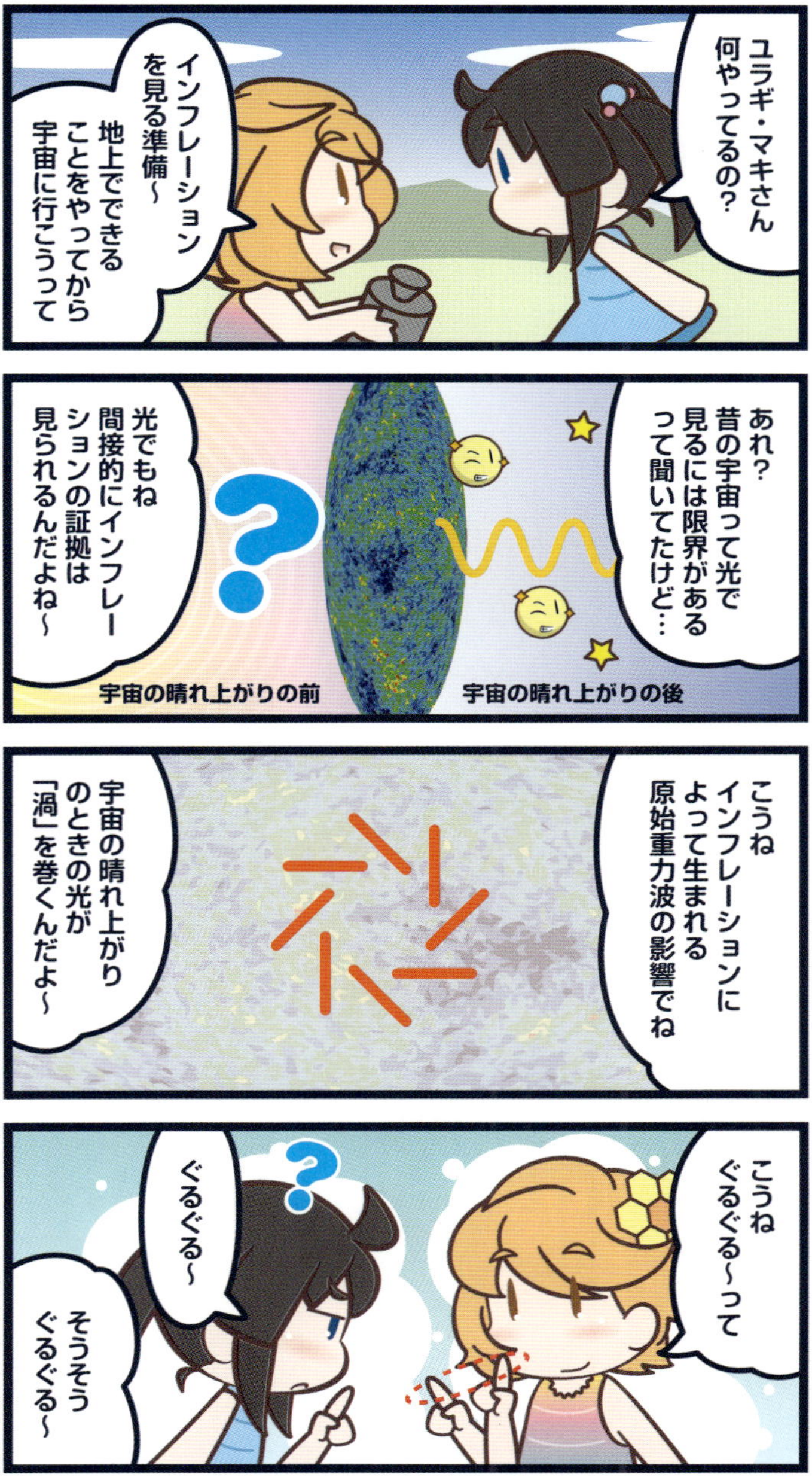

ユラギ・マキさん
インフレーションの痕跡を見るために、いろいろな実験をいろいろな場所でしています。

ぐるぐる
正確にはBモード偏光と呼ばれ、原始重力波で晴れ上がりの光に痕跡が残るはずなのです。

Super-Kamiokande
スーパーカミオカンデ

神岡鉱山からニュートリノで宇宙を眺める

見てるもの　ニュートリノ

超新星
爆発
超新星
ニュートリノ
超新星爆発から
やってくる
超新星背景ニュートリノを
観測しようとしているよ

DATA

所属機関	東京大学宇宙線研究所
所在地	岐阜県飛騨市神岡町
歴史	1996年4月観測開始
備考	地下1000mに設置。世界最大の水チェレンコフ宇宙素粒子観測装置

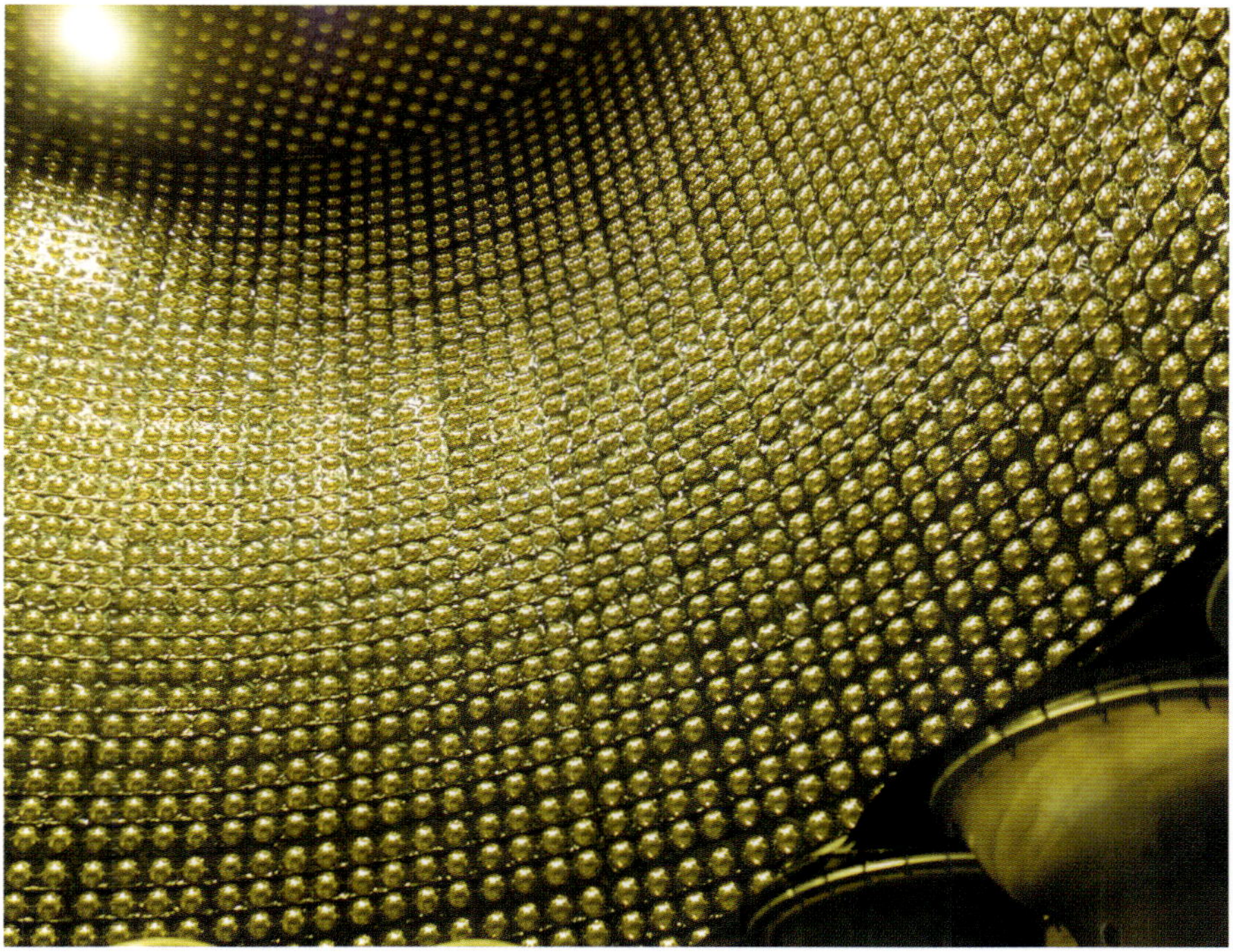

スーパーカミオカンデ内部の様子。光電子増倍管がたくさん並んでいるのが見えます
（撮影協力：東京大学宇宙線研究所 神岡宇宙素粒子研究施設）

ニュートリノで宇宙を見る！

宇宙を見る手段として最もメジャーなのは光を使ったものですが、それだけではありません。例えば素粒子の1つ、ニュートリノ。宇宙初期に生まれたニュートリノや遠くの星々で作られたニュートリノを見ることで、私たちは宇宙を知ることができるのです。

ニュートリノを観測する装置は世界各地にありますが、そのなかでも有名なのが岐阜県飛騨市神岡町の神岡鉱山の地下1000mの地中で、東京大学宇宙線研究所が中心となって運用している水チェレンコフ宇宙素粒子観測装置、スーパーカミオカンデです。直径約39m、高さ約41mの円筒形のタンクに超純水を約5万トン詰め込んで、それを取り囲う約11000個の光検出器でニュートリノの観測を行っています。

ニュートリノで超新星爆発を見る！

超新星爆発とは星の寿命が尽きる時に起きるとても大きな爆発で、その際にいろいろなものを宇宙空間にばらまいていると考えられています。その1つがニュートリノ。スーパーカミオカンデの先代のカミオカンデは、1987年にその超新星爆発によるニュートリノを観測しました。それが評価されて、小柴昌俊博士が2002年のノーベル物理学賞を受賞しています。

後継のスーパーカミオカンデでは、超新星爆発によるニュートリノは残念ながら観測できていません。観測できる範囲で超新星爆発が起こっていないためです。これはもうどうしようもないですが、諦める研究者ではありません。過去に起こった超新星爆発のニュートリノの名残、超新星背景ニュートリノであれば観測できるのではないかと考えています。現状、バックグラウンドとの区別が難しいのですが、その観測を目的の1つとして、スーパーカミオカンデの性能アップやさらに後継のハイパーカミオカンデを計画していたりするのです。

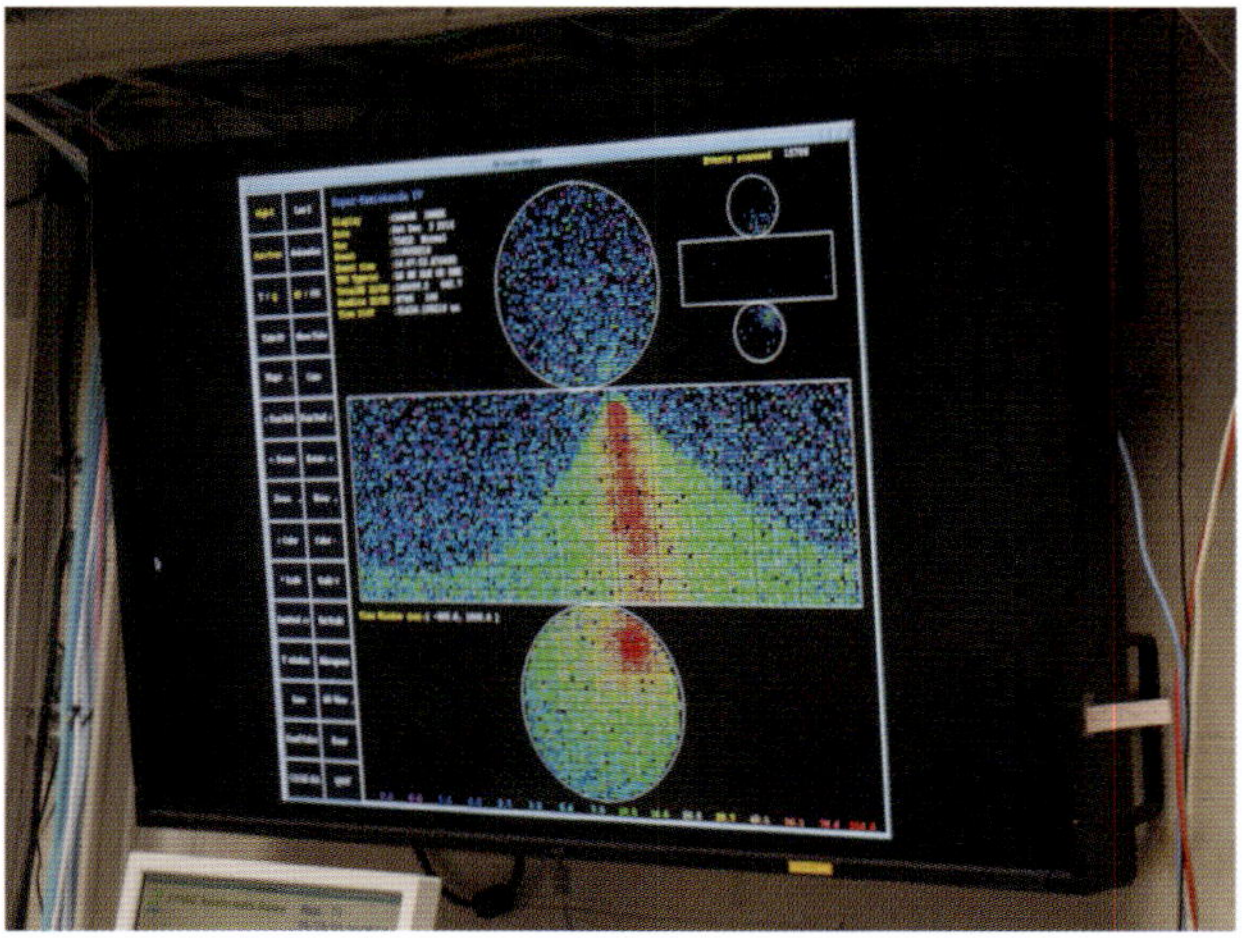

鉱山内のオペレータルームにあるイベントディスプレイ。スーパーカミオカンデで検出しているデータがこのように表示されているのです。

超新星爆発の名残を見る

みつからない超新星爆発
観測できる超新星爆発は100年に1回とか10年に1回とか、いろいろな説があります。

10の17乗個の超新星爆発
100,000,000,000,000,000個です。多い。この名残を超新星背景ニュートリノと言います。

IceCube アイスキューブ

ニュートリノで宇宙を眺める

見てるもの　高エネルギーなニュートリノ

DATA

所属機関	12カ国共同プロジェクト（2017年11月現在）
所在地	南極点近くの表面から1.5kmから2.5kmの氷の層
歴　史	2011年4月全検出器を用いた観測開始
備　考	南極表面下の氷を使って宇宙からの高エネルギーニュートリノを観測する

南極点にあるアムンゼン・スコット基地のそばにあるIceCubeラボラトリー。
画像提供：Felipe Pedreros, IceCube/NSF

南極からニュートリノで宇宙を見る！

科学者は目的の実験に最適な場所があれば、そこで実験を行おうとします。それが地下深くでも宇宙でも、例え南極だったとしてもです。宇宙からの高エネルギーニュートリノを観測するために、南極点のすぐ近くの表面から1・5から2・5㎞の、深氷河と呼んでいる氷の層を使ってしまおうという実験、それがIceCube（アイスキューブ）です。

基本的な原理はカミオカンデと一緒なのですが、チェレンコフ光を起こすのに使うのがタンクに入れた水ではなく、南極の氷。10億トンもの氷を使って、宇宙から飛んでくるニュートリノによって引き起こされるチェレンコフ光を氷の中に埋めた検出器を使って観測しているのです。

南極の氷でニュートリノ観測！

IceCubeでのニュートリノ観測の方法は水のかわりに氷をつかうというだけで、スーパーカミオカンデと基本的に変わりません。ただスーパーカミオカンデのようにタンクの壁に光検出器をつけるというわけにはいきません。そこでIceCubeでは光検出器を球状の容器に封入して、それを数珠つなぎにしたものを南極の表面から１５００ｍから２５００ｍにたくさん埋め込んでいるのです。その検出器の数、約５０００個！ このたくさんの検出器と南極の氷を使って、超新星爆発からのニュートリノや宇宙のどこで生まれたのかわかっていない最高エネルギーのニュートリノなど、宇宙からのさまざまなニュートリノの観測を行い、その謎を解明しようとしています。

またIceCubeは検出能力のパワーアップを目指して、IceCube-Gen2（アイスキューブ・ジェンツー）という計画を立てています。南極大陸周辺に生息しているジェンツーペンギンと掛けているのですね。かわいい！

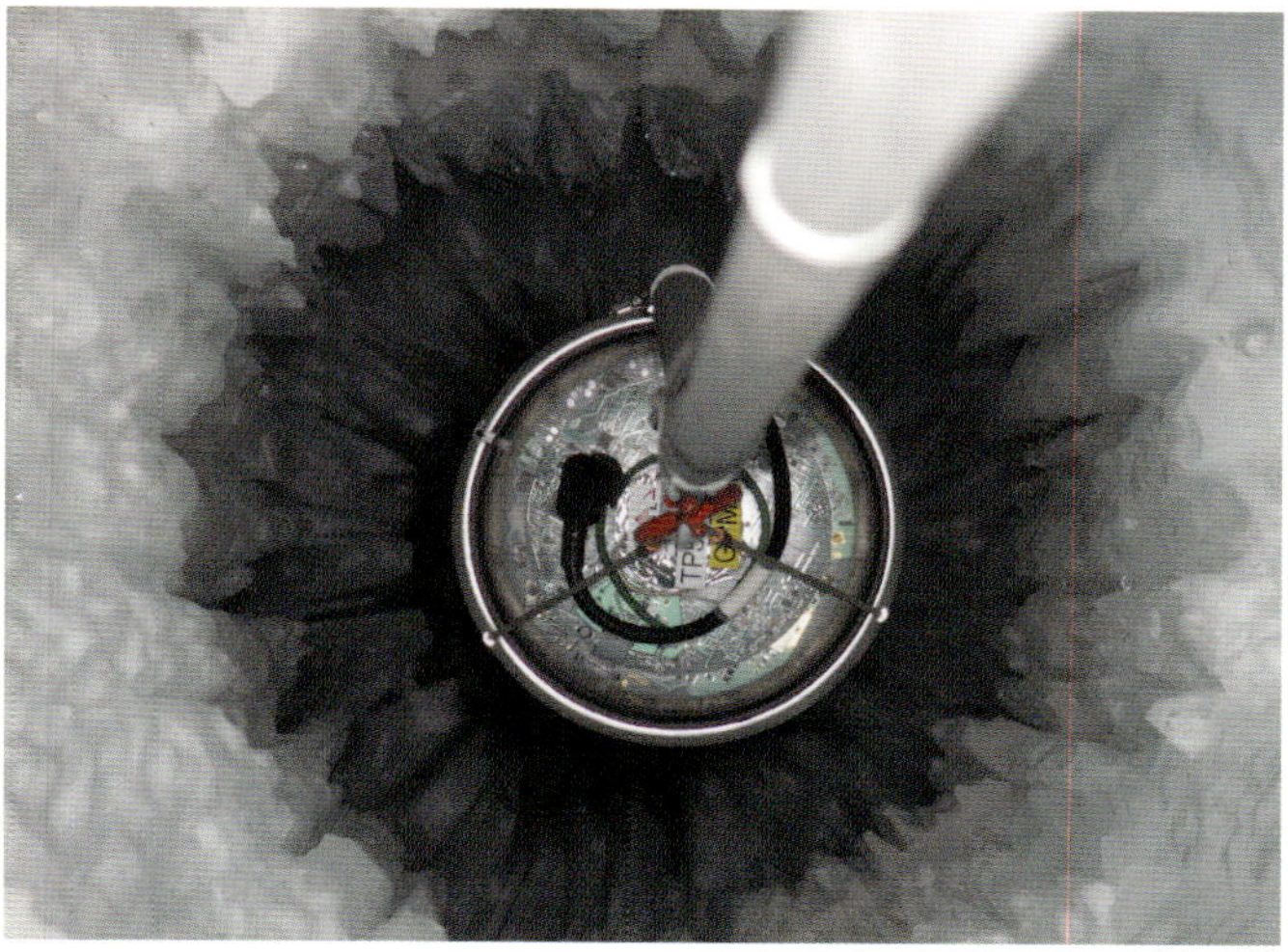

画像提供：Mark Krasberg, IceCube/NSF

ニュートリノハンター！

IceCube（アイスキューブ）さん
南極の氷を使ってニュートリノを観測中。
こんなところまで実験しに行く実験屋さんすごい。

DOM
「Digital Optical Module」の頭文字、ドム。
五千個ほど氷に埋め、ニュートリノを待ってます。

KAGRA, Large-scale Cryogenic Gravitational wave Telescope
大型低温重力波望遠鏡　愛称 かぐら

重力波で宇宙を眺める

見てるもの｜重力波

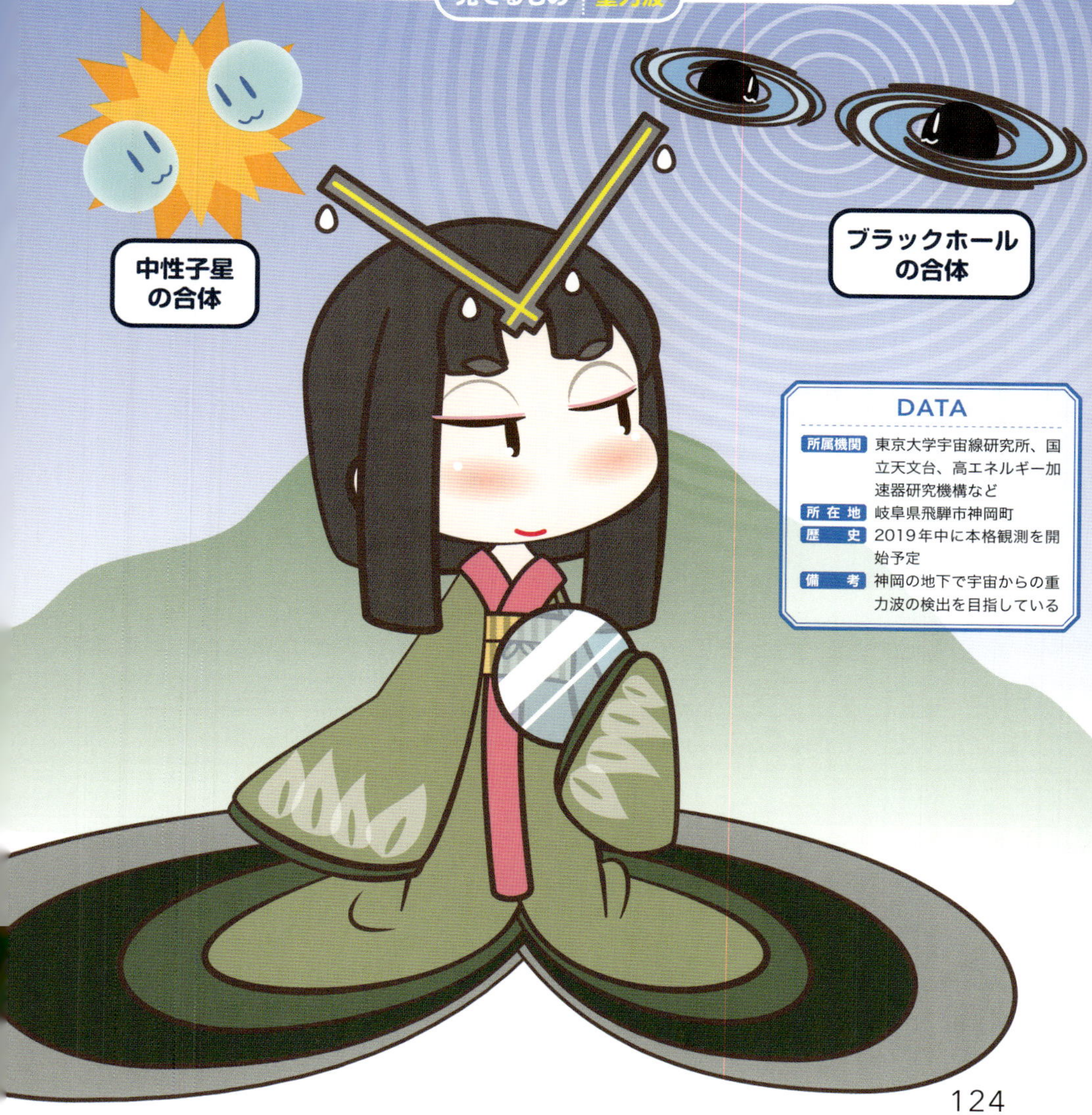

DATA

所属機関	東京大学宇宙線研究所、国立天文台、高エネルギー加速器研究機構など
所在地	岐阜県飛騨市神岡町
歴史	2019年中に本格観測を開始予定
備考	神岡の地下で宇宙からの重力波の検出を目指している

長さ3kmのレーザーの「腕」がこのパイプの中を通っています。
画像提供：国立天文台

神岡の地下から重力波で宇宙を見る！

これまで宇宙を見るために光やニュートリノを用いる観測装置のお話をしてきましたが、それだけではありません。「重力波」と呼ばれる一般相対性理論で予言されていた時空の歪みを使って、宇宙を見ることに成功しています。日本の岐阜県飛騨市神岡町で建設されているかぐらでは、長さ3kmのレーザーの「腕」が重力波によってほんのわずかに伸び縮みする様子を検知して、重力波の証拠としようとしています。大きな重力波がやってきたとしても、その伸び縮みはなんと水素原子の大きさの100億分の1！この重力波によって、ブラックホールや中性子星と呼ばれるとっても重い星の合体や超新星爆発などの様子を見ることができるのです。

観測がとても大変な重力波

3kmのレーザーの腕で水素原子の100億分の1の長さの伸び縮みを見つけようとするかぐらにとって、揺れや歪みは観測の大敵です。そのため、例えばレーザーを反射する鏡は、歪みが無いように1つの結晶でできているサファイヤを磨いて作り、熱で振動しないようにマイナス253度に冷やして使っています。また鏡が揺れたりレーザーが歪んだりしないような安定した地盤のために、神岡鉱山の中に建設されました。同じ神岡鉱山のスーパーカミオカンデは高エネルギーの宇宙線を避けるためですから、同じ場所にあってもその理由は異なるものなのです。

それほどまでに難しい重力波の観測ですが、2015年9月14日、アメリカのハンフォードとリビングストンの2か所に設置されているLIGOという重力波観測施設で、地球から13億光年離れたところで2つのブラックホールが合体したときに発生した重力波をついに観測することに成功したのです。

2か所あるLIGOの重力波観測施設のうちの1つ、ワシントン州ハンフォードの観測施設。
画像提供：Caltech/MIT/LIGO Lab

楽しい神岡ぐらし

かぐら(KAGRA)さん
岐阜県飛騨市神岡町在住、神岡鉱山の中にいます。遠く宇宙からの重力波を地下で待ってます。

重力波
アインシュタイン博士の一般相対性理論によると、質量を持つものが動くと発生する時空の歪み。

DECIGO《デサイゴ》 (DECi-hertz Interferometer Gravitational wave Observatory)

宇宙から重力波で宇宙を眺める

見てるもの｜重力波

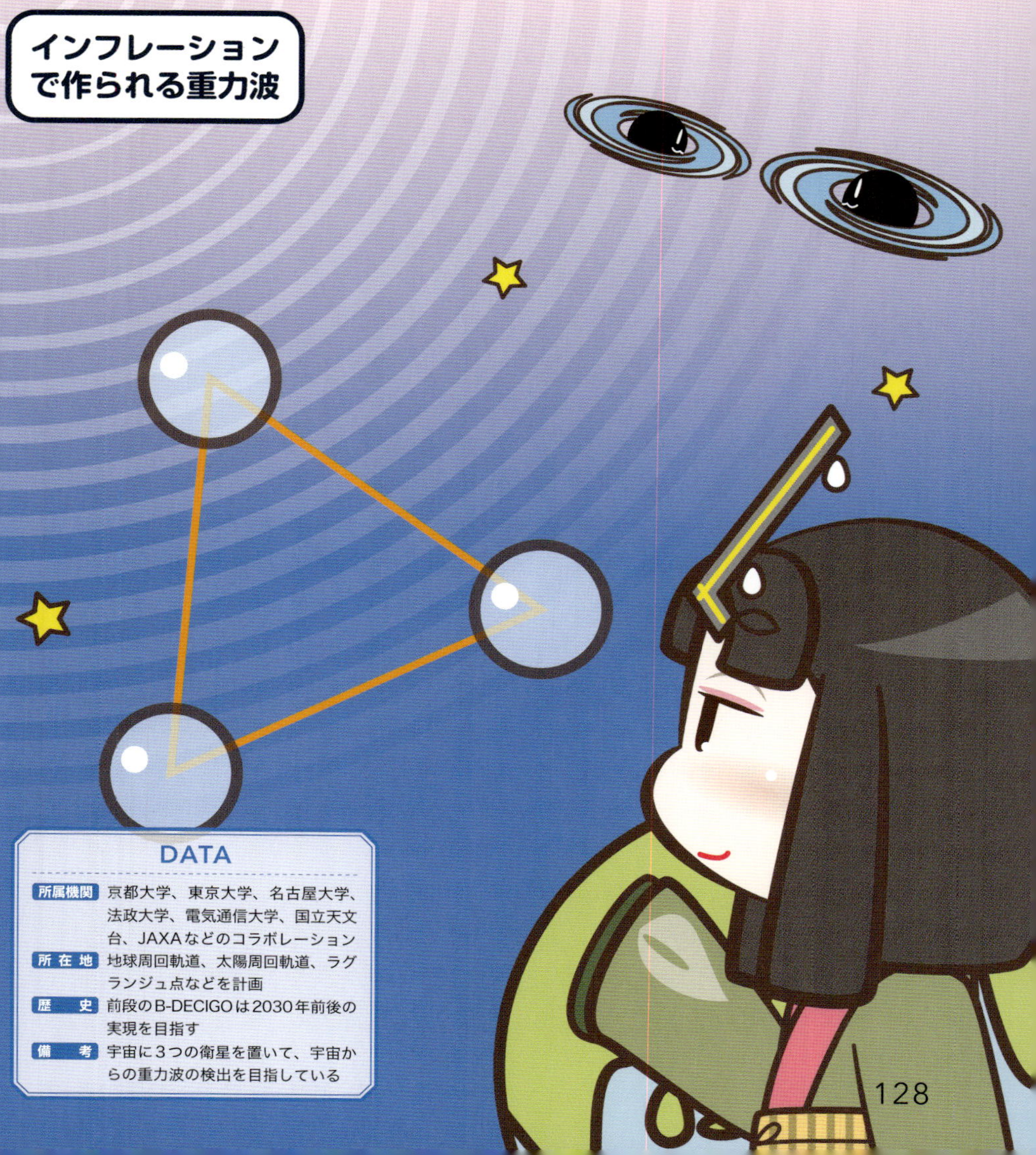

DATA

所属機関	京都大学、東京大学、名古屋大学、法政大学、電気通信大学、国立天文台、JAXAなどのコラボレーション
所在地	地球周回軌道、太陽周回軌道、ラグランジュ点などを計画
歴史	前段のB-DECIGOは2030年前後の実現を目指す
備考	宇宙に3つの衛星を置いて、宇宙からの重力波の検出を目指している

宇宙重力波望遠鏡 B-DECIGOのイメージ図。
画像提供：佐藤修一

宇宙から重力波でインフレーションを見る！

かぐらは神岡の地下深くから重力波の検出をしようとしていますが、DECIGO（デサイゴ）計画では宇宙から重力波の検出を目指しています。

DECIGO計画は3つの衛星を打ち上げて宇宙空間で三角形の配置を取り、その衛星間の距離が重力波の影響で変化する様子をレーザーの干渉として捉えようとするものです。この計画では地上実験では見ることができないであろう、インフレーションの様子を見ることができると考えられています。DECIGOの前段階として3つの衛星を100㎞の正三角形に配置するB-DECIGOが計画されていて、ブラックホールの合体などからの重力波を宇宙空間で捉えようとしています。

重力波で宇宙を見るということ

かぐらやDECIGOが観測しようとしている重力波は、アルベルト・アインシュタイン博士が一般相対性理論と呼ばれる理論の中で提唱した概念です。一般相対性理論は重力を上手に説明してくれる理論で、それによると「質量を持ったもののまわりの時間と空間は歪む」とされています。時間と空間の歪みが光の速さで伝わっていくこと、これが重力波なのです。重力波は光のように減衰したりせずにどこまでも届くので宇宙の観測にはとても優れた手段で、宇宙が生まれた直後のインフレーションの様子さえ見ることができるはずなのです。

レーザーの腕を伸ばしていけば、いずれインフレーションからの重力波も観測できる感度にもなると考えられますが、地上での観測には「地球が丸い」という制約のせいでその長さには限界があります。DECIGOでは地上では実現できないような距離のレーザーの腕を使って、光では直接見ることができない宇宙のはじまりの様子を見ようとしているのです。

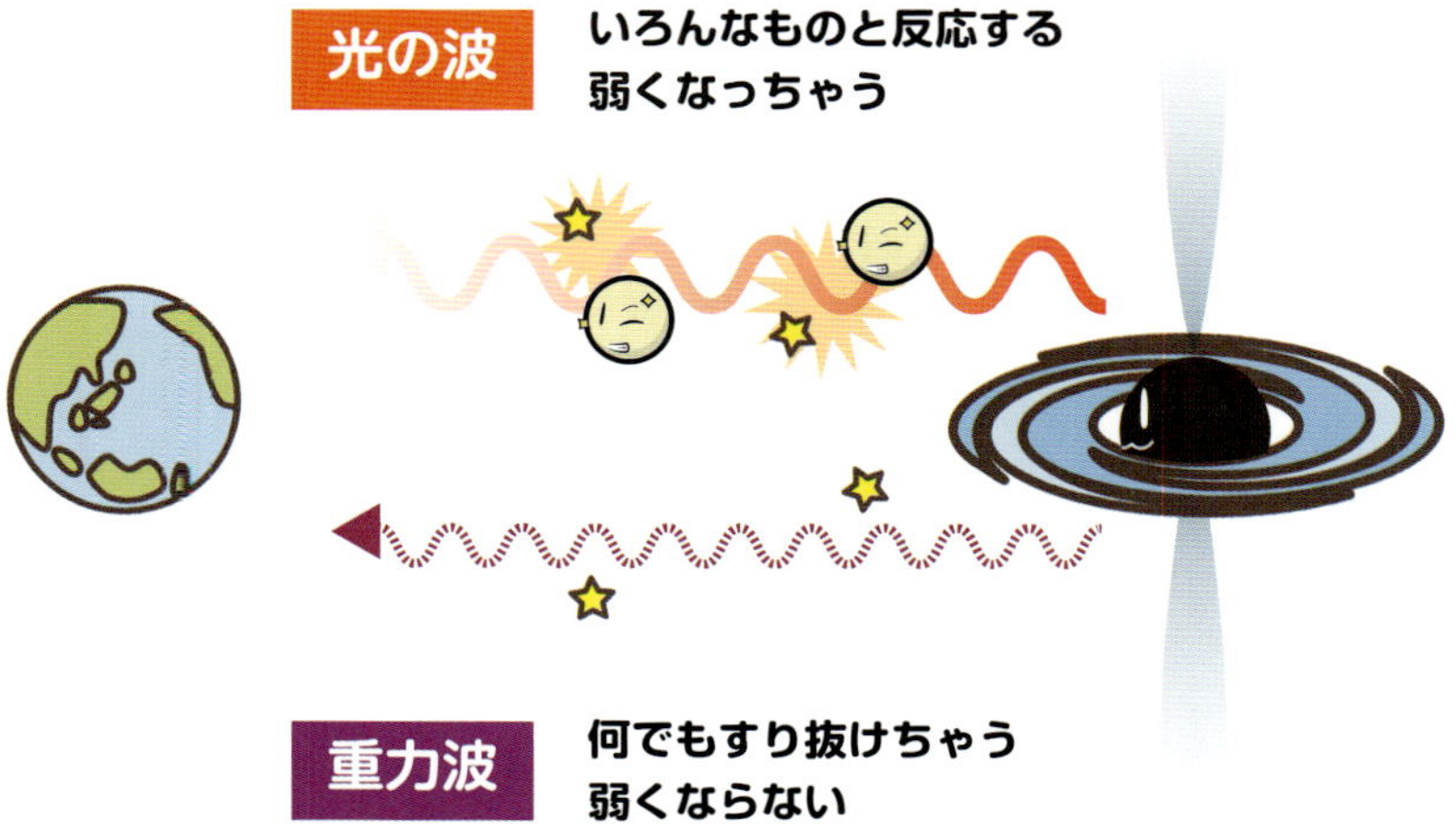
光の波
いろんなものと反応する
弱くなっちゃう
重力波
何でもすり抜けちゃう
弱くならない

重力波ってなんだろう?

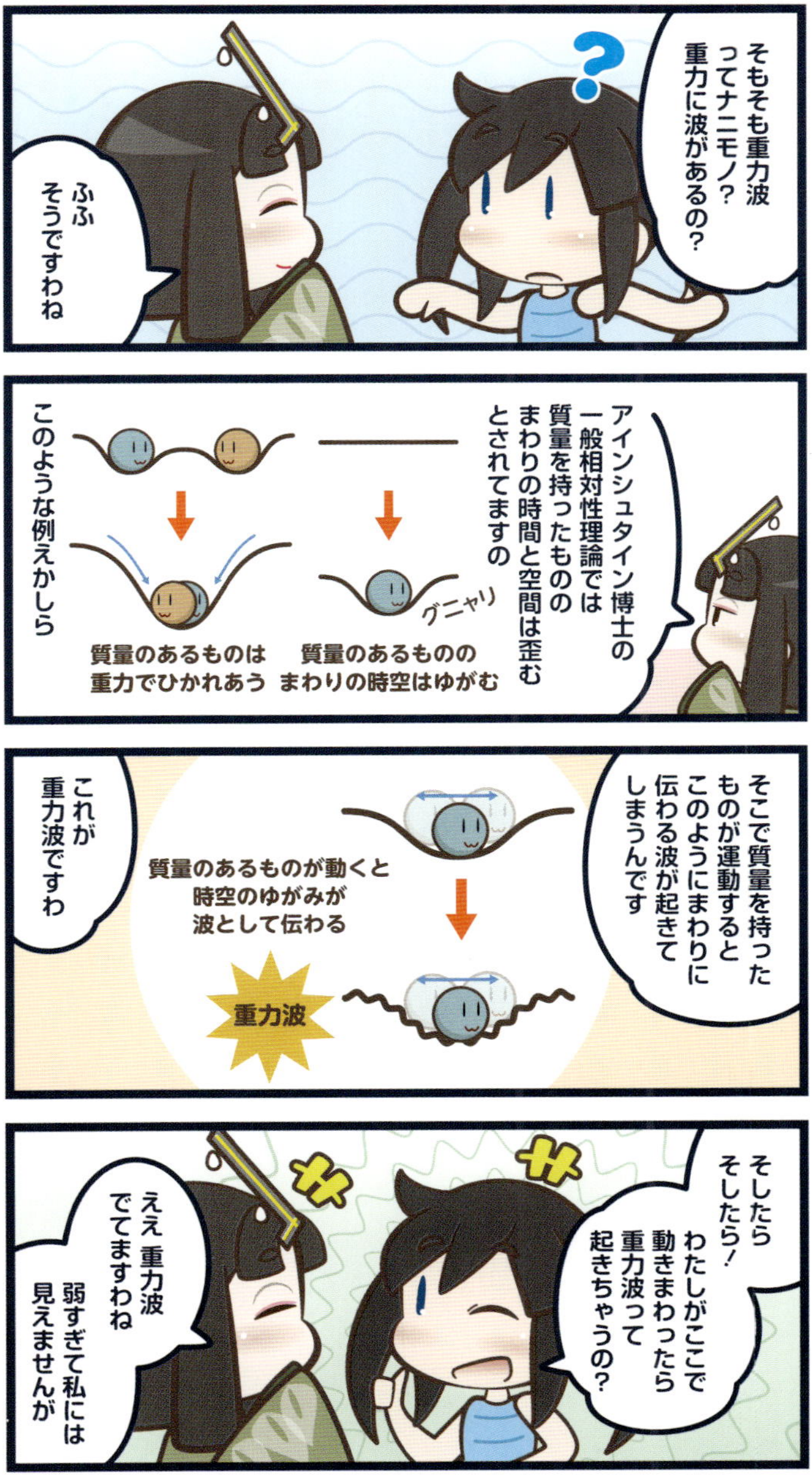

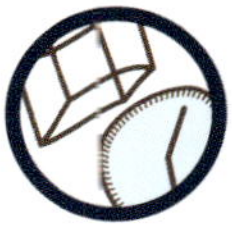

時間と空間が歪む
ずいぶんとSFっぽい感じですが、現実です。その様子は私たちにはとても想像できません。

弱すぎて見えない重力波
LIGOさんが初めて観測した重力波は、太陽の36倍と29倍の重さのもの。とても重い。

Column

マルチメッセンジャー天文学

あらゆる手段で宇宙を眺める！

晴れている夜に空を見上げれば、星を見ることができます。これだけでもう、天文学です。私たちが星を見ることができるのは光のおかげですが、光は波のようにゆらゆら振動しながら空間を伝わっていきます。このゆらゆら具合（波長）によってその性質が違っています。私たちが目で見ることのできる光のことを可視光と呼びますが、これは光のゆらゆら具合の中でもほんの一部にしかすぎません。この光のほんの一部を使って、私たちは直接、または望遠鏡などの道具を使って宇宙を見ているのです。

しかし宇宙のことをもっともっとよく見たいという人類の欲望は、目で見ることのできない光も使ったほうが面白いのではないかと考えてしまいました。赤外線や電波と呼ばれるゆっくりゆらゆらする光に紫外線やX線と呼ばれる速くゆらゆらする光を使って、宇宙を見るようになったのです。その結果、電波天文学やX線天文学と呼ばれる学問が発達していき、可視光だけでは見ることのできなかった様々な宇宙の天体を見ることができるようになっていきました。

そしてさらに、人類は光以外を使って宇宙を見る方法を憶えてしまいます。1987年にカミオカンデがニュートリノを使って超新星爆発を、2015年にLIGOが重力波を使ってブラックホールの合体を観測することに成功したのです。さらにはLIGOが重力波で見たり、IceCubeがニュートリノで見たりした天体を、光を使った望遠鏡で改めて観測することにも成功しています。光や重力波、ニュートリノなどで同時に宇宙を観測する、マルチメッセンジャー天文学の幕開けです。

今はまだ光、重力波、ニュートリノだけですが、いずれ人類は宇宙を見る新しい「目」を見つけてしまうのかもしれません。

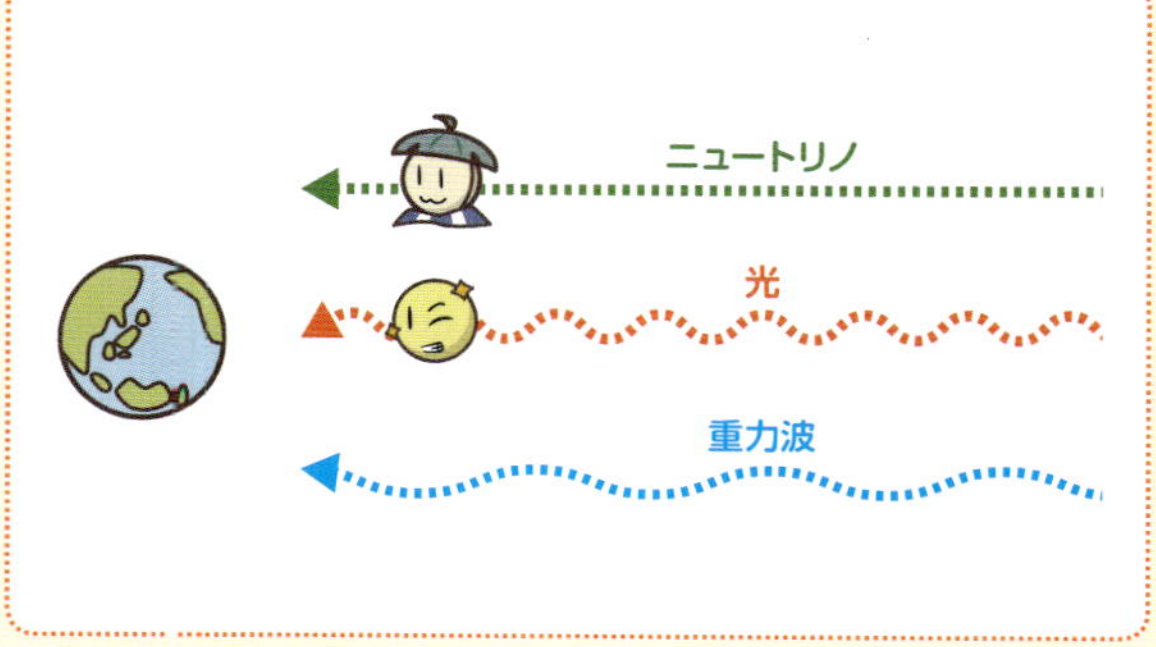

宇宙の行く末
〜あとがき〜

宇宙が生まれて138億年、ずっと膨らみ続けてきた私たちの宇宙はこれからどのような運命を辿っていくのでしょうか。その予想はとても難しいものですが、いろいろなシナリオが理論から予想されています。

?

あるかもしれない遠い未来　シナリオ①

熱的死

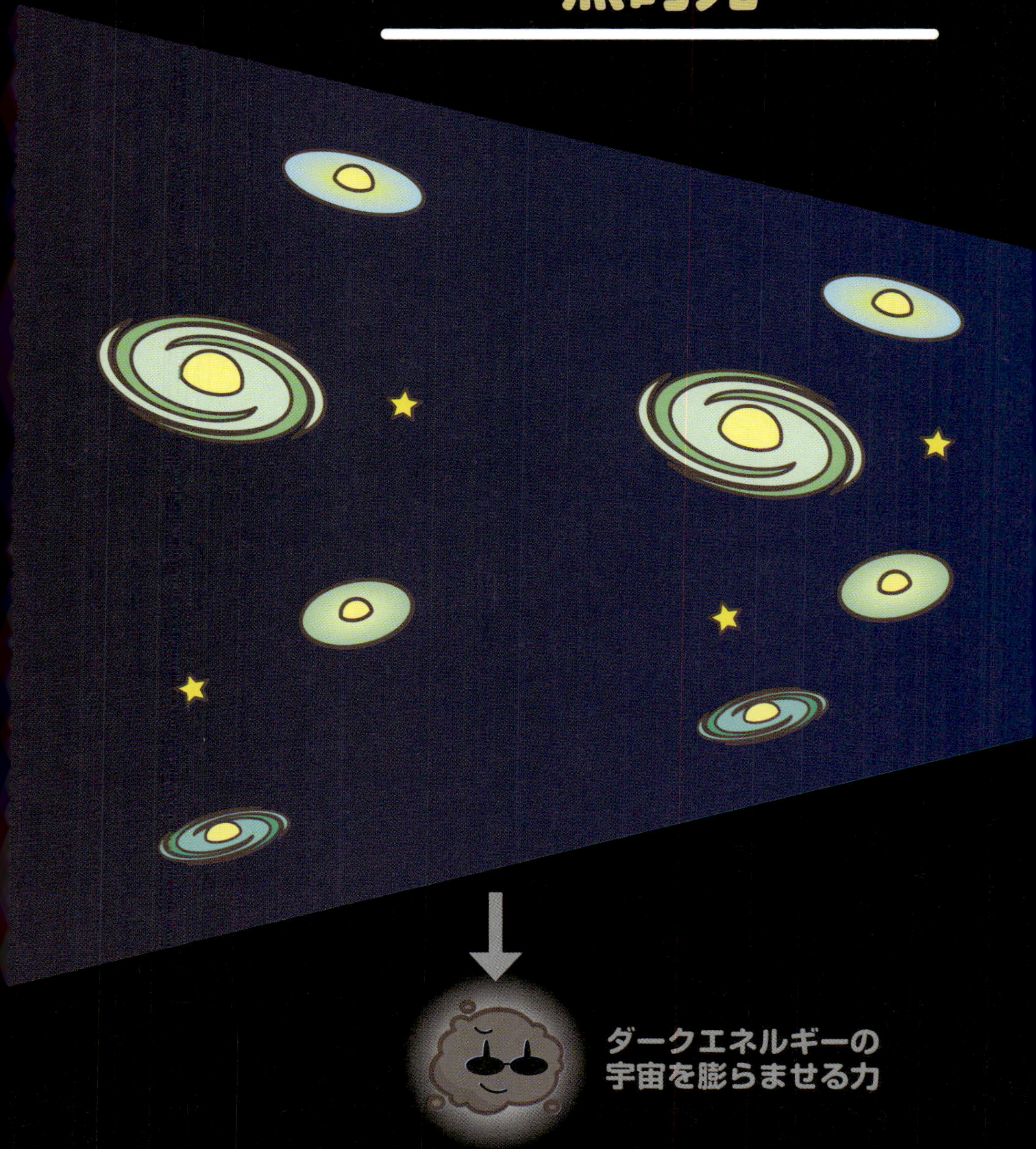

あるかもしれない遠い未来 シナリオ① 熱的死

インフレーションで一気に膨らんで、その後も膨らみ続けた宇宙ですが、この膨張がずっと続くようなシナリオです。今と変わりなく平和そうな感じがしますが、そのような宇宙では残念ながら人類は生き続けることはできません。宇宙がそのまま広がっていくと、星や銀河の密度は薄まり、遠くにある銀河との距離はどんどん離れていきます。星は生まれては消えていくものですが、いずれ新しい星は生まれなくなり、燃えかすのように残ったブラックホールなどの天体もいずれは消えてしまいます。そんなさみしい宇宙の最後、宇宙の熱的死と呼ばれています。

あるかもしれない遠い未来　シナリオ②

ビッグクランチ

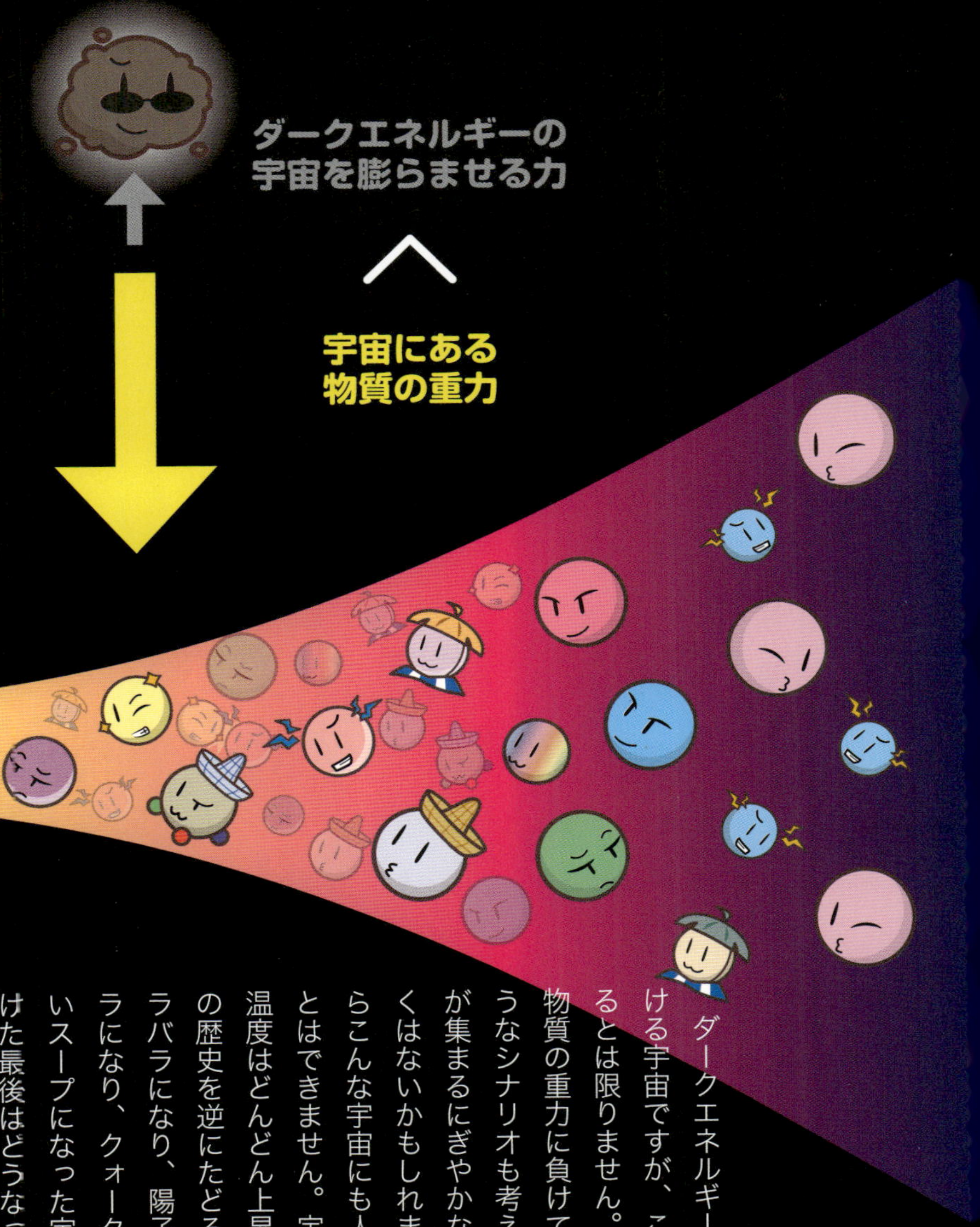

ダークエネルギーによって膨張を続ける宇宙ですが、このまま膨らみ続けるとは限りません。いずれ宇宙にある物質の重力に負けて、縮みはじめるようなシナリオも考えられています。星が集まるにぎやかな宇宙ですので寂しくはないかもしれませんが、残念ながらこんな宇宙にも人類は生き続けることはできません。宇宙が縮み続けると、温度はどんどん上昇し続けます。宇宙の歴史を逆にたどるのです。原子はバラバラになり、陽子や中性子もバラバラになり、クォークなどの素粒子の熱いスープになった宇宙、小さくなり続けた最後はどうなってしまうのでしょうか。そんなにぎやかな宇宙の最後、ビッグクランチと呼ばれています。

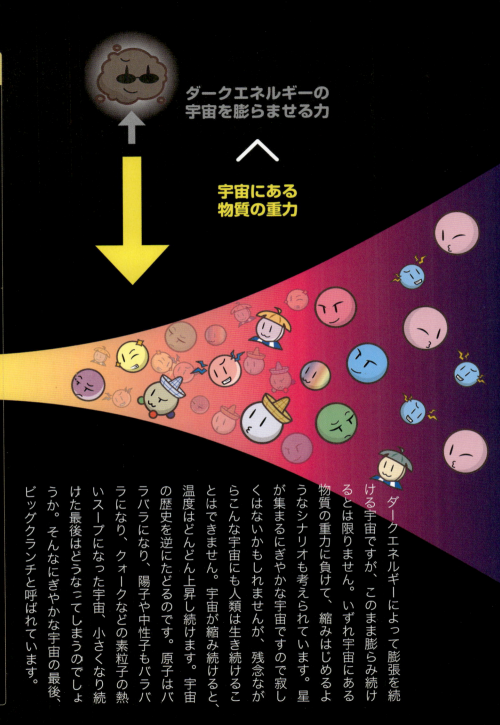

？

あるかもしれない遠い未来　シナリオ③

ビッグリップ

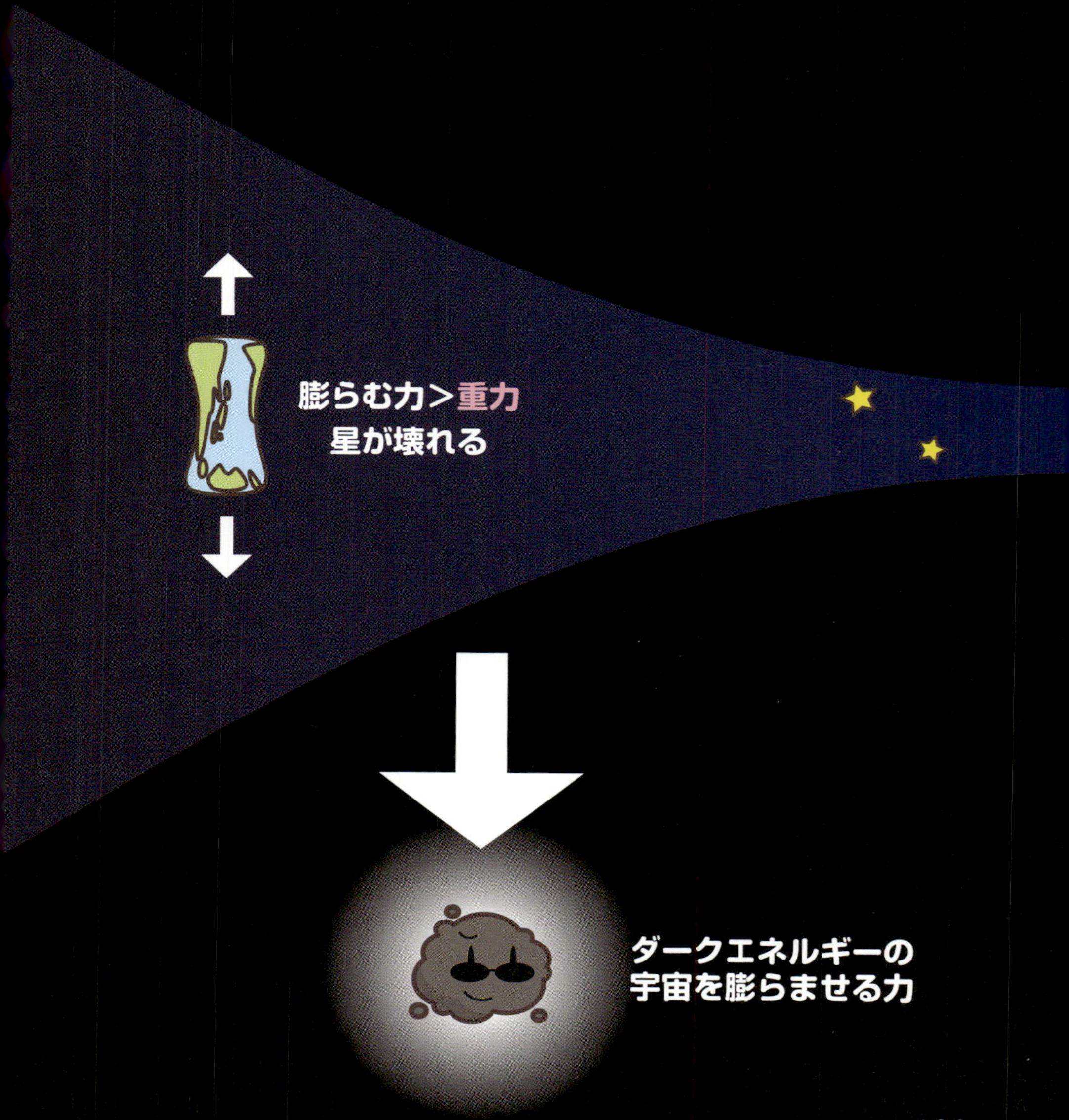
膨らむ力＞重力
星が壊れる
ダークエネルギーの
宇宙を膨らませる力

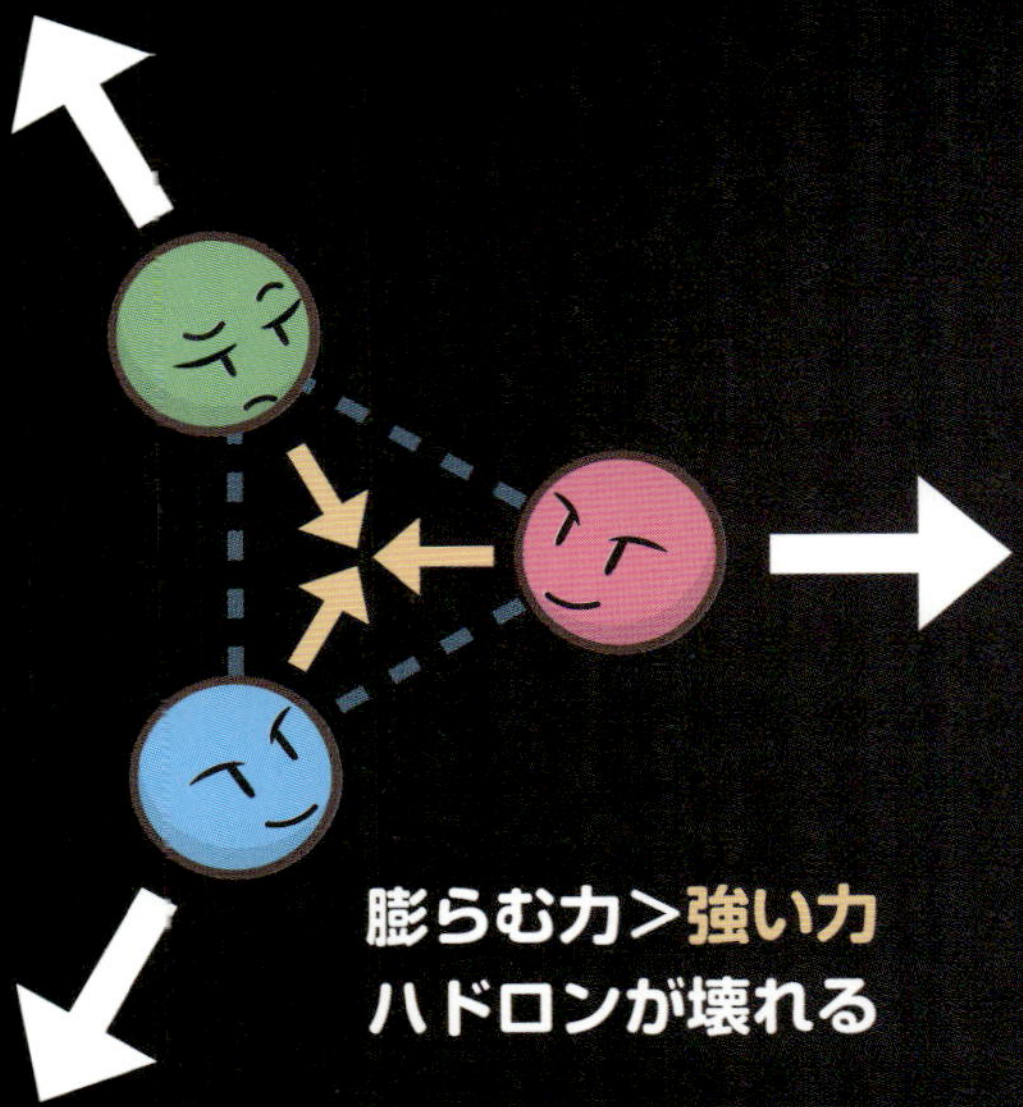
膨らむ力＞強い力
ハドロンが壊れる

膨らむ力＞電磁気力
原子が壊れる

現在も膨らみ続けている宇宙ですが、この調子で膨らみ続けるとは限りません。さらに膨張が加速してしまうシナリオも考えられています。1つめのシナリオと似たような運命を辿るように見えますが、結末はずいぶんと違います。加速膨張し続ける宇宙では、その膨らむスピードが速くなりすぎるせいで、電磁気力、弱い力、強い力、重力の4つの基本的な力を振り切ってしまうのです。重力で繋がれていた銀河や星はバラバラになり、電磁気力で繋がれていた原子はバラバラになり、強い力で繋がれていた陽子や中性子はバラバラになります。素粒子どうしが遠く離れてしまい、私たち人類も素粒子の単位までバラバラになってしまう宇宙の最後、ビッグリップと呼ばれています。

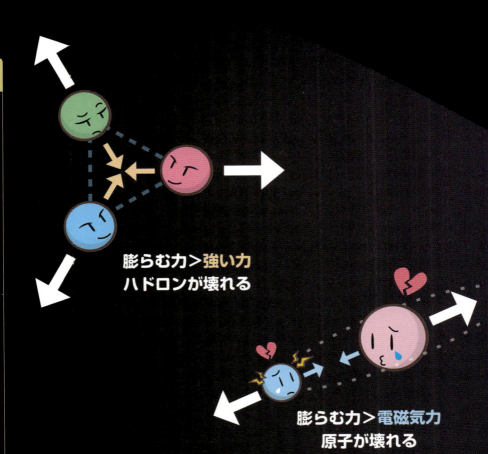

遠くないかもしれない未来　シナリオ④

真空の崩壊

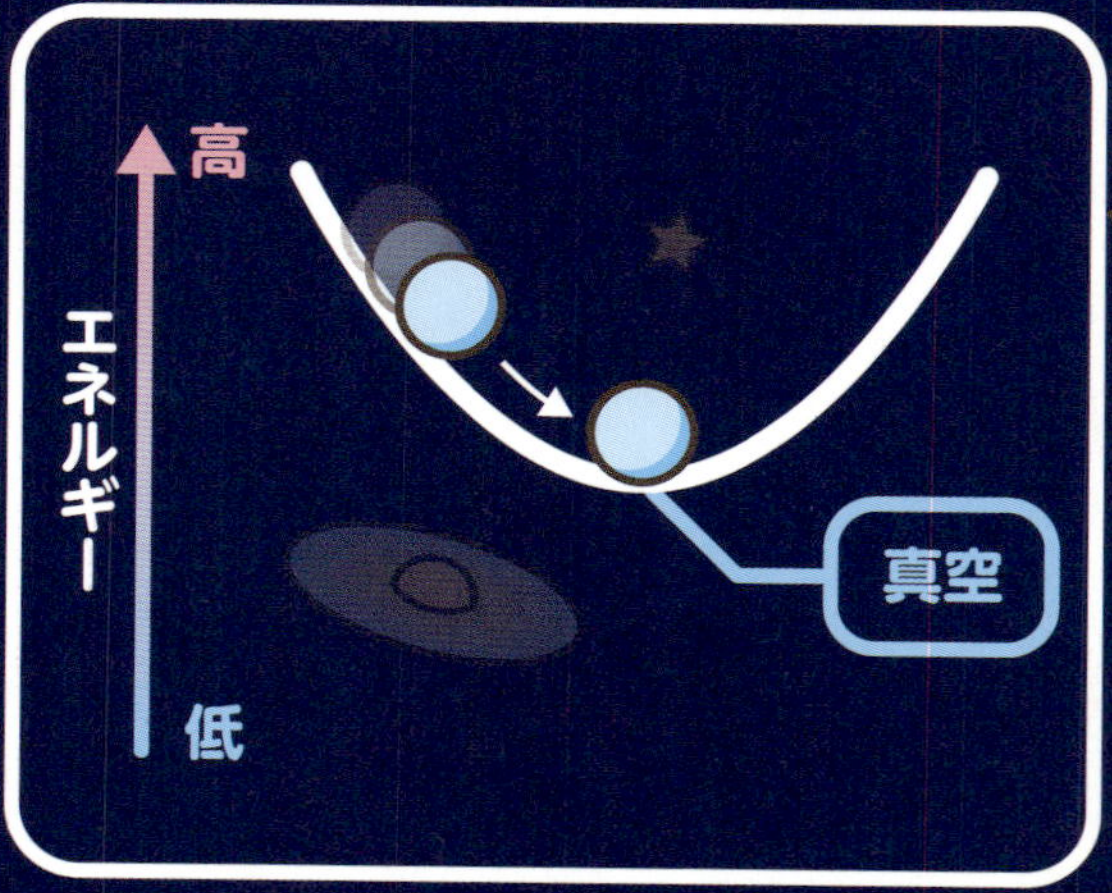

温かい紅茶は放っておくと冷めてしまうように、エネルギーの高い状態は低い状態へと勝手に変わり、最後には一番エネルギーが低い状態で安定します。この一番エネルギーの低い状態、エネルギーの底のことを素粒子物理学の世界では「真空」と呼んでいます。

実は現在の私たちの宇宙の真空の他にも真空があることが予想されています。エネルギーの底がいくつもあるわけです。もし現在の私たちの宇宙のエネルギーの底よりもエネルギーの低い底が存在した場合、いずれどこかで、私たちの宇宙はよりエネルギーの低い底に落ちてしまいます。冷めた紅茶のようにエネルギーの低いほうが安定しますからね。よりエネルギーの低い本当の底のことを「真の真空」と呼びます。「真の真空」の宇宙から見れば、私たちの宇宙はエネルギーに満ちあふれ

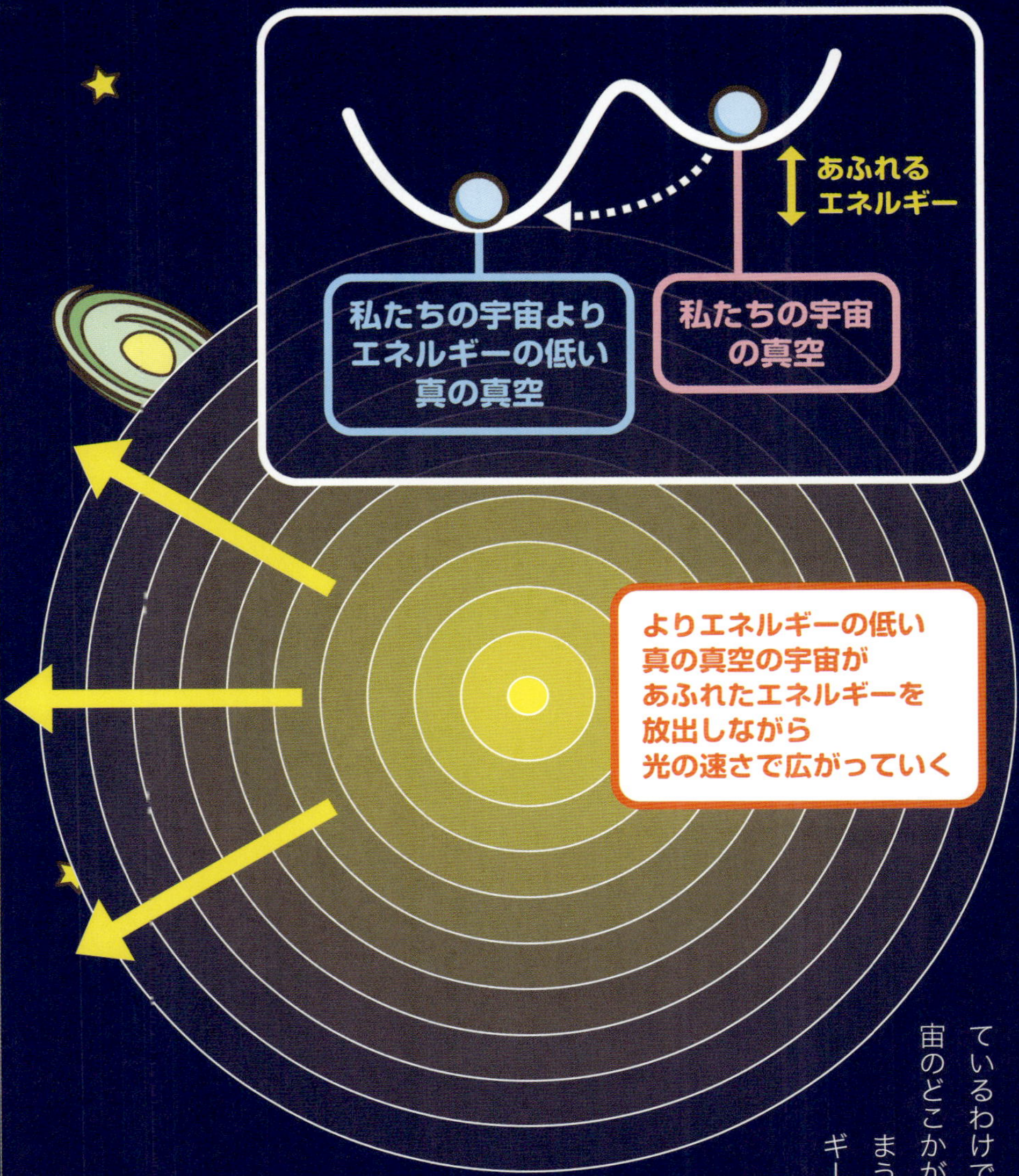
あふれるエネルギー
私たちの宇宙よりエネルギーの低い真の真空
私たちの宇宙の真空
よりエネルギーの低い真の真空の宇宙があふれたエネルギーを放出しながら光の速さで広がっていく

ているわけです。何かのきっかけで宇宙のどこかが「真の真空」に落ちてしまうと、高かった分のエネルギーがあふれ出して熱になりながら、「真の真空」が光の速さで広がっていきます。これはいつ、どこで起きるのか予想できません。光の速さで伝わるこの変化を知る方法もありません。私たちの宇宙が突然終わってしまうそんなシナリオ、真空の崩壊による宇宙の最後と呼ばれています。

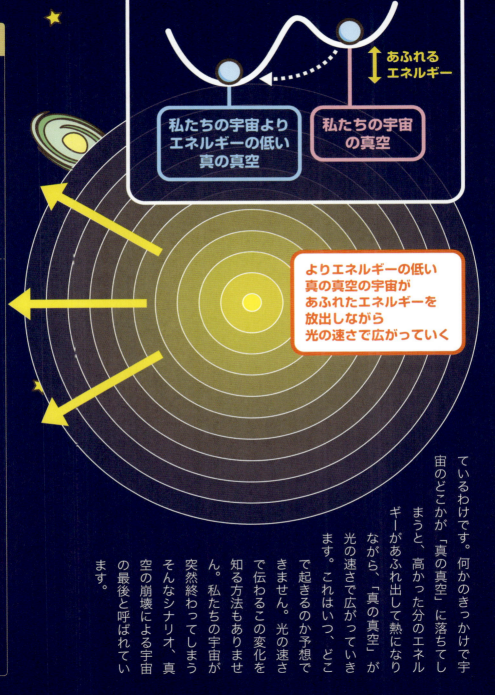

あとがき

最後は予想されている様々な宇宙の終わりを見ていただいてちょっとしんみりしてしまったかもしれませんが、本書『キャラクターでよくわかる 宇宙の歴史と宇宙観測』を最後まで読んでくださってありがとうございます。

本書の前半では、「すばる望遠鏡」と「スーパーカミオカンデ」の2つの観測装置をキャラクター化した、すばるくんとスーパーカミオカンデちゃんの2人に、138億年もの宇宙の歴史をとっても駆け足に語ってもらいました。後半ではそんな宇宙の歴史を知るために頑張っている観測装置をキャラクター化して、みんなをとっても簡単に説明しました。そんなイラストとマンガだらけだけれどけっこう真面目な本（だったはず）です。できるかぎり軽く、読み飛ばせるような本にしたかったのですが、それなりに重い本になってしまったかもしれません。それでもここまで読んでくださったみなさまには本当に感謝しかありません。

宇宙の歴史と銘打ちつつも半分くらいが素粒子のお話になってしまったのは、私が素粒子大好きだからということ以外に、この私たちの宇宙が素粒子と切っても切れない関係であるということによるものです。前書きにも書かせていただきましたが、スケールの大きな宇宙を見ていくことはスケールが小さな素粒子を見ていくことに通じているということ、とっても不思議で、とっても楽しくて、この宇宙はおもしろいんだなあ、と思わせてくれます。そんなおもしろさのはじっこだけでもこの本で感じ取っていただいて、空を見上げたとき、宇宙や素粒子のニュースを見たとき、ひとり寂しくなったときなど、これからの人生のどこかで宇宙と素粒子について思いを馳せてくれたら嬉しいなあと思っています。
この本を書くにあたり、宇宙の歴史、素粒子のお話、観測装置に関してなど、研究者のみなさまに内容の確認をお願いさせていただきました。

【ご協力いただいた研究者のみなさま】国立天文台 麻生洋一さん、東京大学 大林由尚さん（KAGRA）／東京大学 安東正樹さん（DECIGO）／千葉大学 石原安野さん（IceCube）／東京大学 関谷洋之さん（Super-Kamiokande）／京都大学 田島治さん、高エネルギー加速器研究機構 長谷川雅也さん（CMB観測実験）／山形大学 中森健之さん（CTA）／京都大学 中家剛さん（素粒子全般）／カリフォルニア大学バークレー校 野村泰紀さん（マルチバース）

またキャラクターデザインなどで協力してくれた友人の青柳悠里さんと樋山彩さん、著者近影に使ったスーパーカミオカンデのフェルト人形を作ってくれた阿部真由美さん、デタラメになげた原稿を素敵にデザインしてくださった小川純さん、そしてこのような趣味いっぱいの本を作る企画を通してくださった技術評論社の佐藤丈樹さん、この本に関わってくださったみなさまに本当に感謝しております。
宇宙のおはようからおやすみまで、宇宙のありようを形付けるかわいい素粒子と、素粒子のありようを決めるかっこいい宇宙のお話でした。

2019年1月　**秋本祐希**

Profile

秋本　祐希（あきもと　ゆうき）

博士（理学）。

東京大学大学院理学系研究科 博士課程修了。

専門は素粒子実験。

現在はデザイン関係の仕事をするかたわら、もっと素粒子を好きになってもらうためにイラストやマンガを使った素粒子物理学を解説するwebサイト「HiggsTan(ひっぐすたん)」を運営中。著書に『宇宙までまるわかり！ 素粒子の世界』『4コマでまるわかり！ 素粒子実験の世界』（ともに洋泉社刊）がある。

http://higgstan.com

本書へのご意見、ご感想は、技術評論社ホームページ（https://gihyo.jp/）または以下の宛先へ、書面にてお受けしております。電話でのお問い合わせにはお答えいたしかねますので、あらかじめご了承ください。

〒162-0846　東京都新宿区市谷左内町21-13
株式会社技術評論社　書籍編集部
『キャラクターでよくわかる 宇宙の歴史と宇宙観測』係
FAX：03-3267-2271

◎ブックデザイン：小川 純（オガワデザイン）
◎本文DTP：BUCH^{+}

キャラクターでよくわかる 宇宙《うちゅう》の歴史《れきし》と宇宙観測《うちゅうかんそく》

2019年2月16日　初版　第1刷発行

著　　者　秋本《あきもと》　祐希《ゆうき》
発 行 者　片岡　巌
発 行 所　株式会社技術評論社
東京都新宿区市谷左内町21-13
電話　03-3513-6150　販売促進部
03-3267-2270　書籍編集部
印刷／製本　株式会社加藤文明社

定価はカバーに表示してあります。

ISBN978-4-297-10413-9 C3044
Printed in Japan